婴幼儿照护

YING YOU'ER ZHAOHU

重庆市成人教育丛书编委会　编

U0240429

重庆大学出版社

图书在版编目（CIP）数据

婴幼儿照护 / 重庆市成人教育丛书编委会编. --重

庆：重庆大学出版社，2021.7（2021.8重印）

ISBN 978-7-5689-2839-7

Ⅰ.①婴…　Ⅱ.①重…　Ⅲ.①婴幼儿—哺育　Ⅳ.

①TS976.31

中国版本图书馆CIP数据核字（2021）第123398号

婴幼儿照护

重庆市成人教育丛书编委会　编

策划编辑：杨　漫

责任编辑：谢　芳　　版式设计：杨　漫
责任校对：姜　凤　　责任印制：赵　晟

*

重庆大学出版社出版发行

出版人：饶帮华

社址：重庆市沙坪坝区大学城西路21号

邮编：401331

电话：（023）88617190　88617185（中小学）

传真：（023）88617186　88617166

网址：http://www.cqup.com.cn

邮箱：fxk@cqup.com.cn（营销中心）

全国新华书店经销

重庆升光电力印务有限公司印刷

*

开本：787mm×1092mm　1/16　印张：9.25　字数：101千
2021年7月第1版　　2021年8月第2次印刷
ISBN 978-7-5689-2839-7　定价：39.00元

编委会

主　编：傅渝稀　王　青

副主编：张　展　殷金明

参　编：吴兴碧　胡小梅

前 言

　　老年人是国家和社会的宝贵财富，老年教育是我国教育事业和老龄事业的重要组成部分，发展老年教育是建设学习型社会、实现教育现代化、落实积极应对人口老龄化国家战略的重要举措，是满足老年人多样化学习需求、提升老年人生活品质、促进社会和谐的必然要求。

　　为认真贯彻落实《国务院办公厅关于印发老年教育发展规划（2016—2020年）的通知》（国办发〔2016〕74号）、《重庆市人民政府办公厅关于老年教育发展的实施意见》（渝府办发〔2017〕192号）的要求，重庆市教育委员会委托重庆市教育科学研究院组织编写了"重庆市成人教育丛书"，旨在为重庆市老年教育提供一批具有重庆地方特色、符合老年人学习与发展规律的学习资源，增强老年教育的实用性、针对性和持续性。

　　重庆市教育科学研究院组织开发的"桑榆尚学"老年教育课程包括养生保健、文化艺术、信息技术、家政服务、社会工作、医疗护理、园艺花卉、传统工艺8个系列100余门课程，编写了《老年保健好处多》《运动让你更健康》《养生之道老年人吃什么》《一起学汉字》《一起学算术》《能说会写》《能认会算》《智慧生活好助手》《婴幼儿照护》《宠物养护与常见病防治》《果蔬种植实用手册》《家禽养殖技术指南》《金融防诈骗》《让家人喜欢你》《老年人常见病防治》《老年日常生活料理》《养花养草自在晚年》《家庭插花艺术》《手工巧制作》19 本，具有以下特点：

一是案例来自生活。书中选用大量生活中的案例，贴近老年人生活实际，让老年人身临其境般学到自己感兴趣的知识，增加老年人的学习热情。

二是内容通俗易懂。书中内容应用性知识篇幅适当，穿插案例、提供图片，让学习过程生动活泼，让老年人愿学、爱学、乐学，在运用中学习知识、在操作中掌握技能。

三是版式设计新颖。从版式设计上，读本内容丰富、图文并茂、简洁大方，书中文体、字体、字号都符合老年人的阅读习惯和审美取向。

四是增加数字资源。后期编写的读本与时俱进，应用了现代信息技术手段，一些章节的操作技能学习中，精心制作了配套数字资源，扫描二维码即可观看操作流程，形象生动。

"重庆市成人教育丛书"既可作为老年大学和社区教学资源的补充，也可供老年人居家学习所用。在编写过程中，虽然我们本着科学严谨的态度，力求精益求精，但难免有疏漏之处，敬请广大读者批评指正。

重庆市成人教育丛书编委会

2021 年 3 月

目 录

第一部分
说宝贝

　　为了孩子具有健康的心理、强健的体魄以及健全的人格，了解孩子的生长发育是必要的。孩子的生长发育是一个连续渐进的过程。随着年龄的增长，各个器官系统会逐渐发育完善，功能日趋成熟。

第一讲　生长阶段

　　根据孩子生长发育不同阶段的特点，将孩子年龄划分为 7 个时期：胎儿期、新生儿期、婴儿期、幼儿期、学龄前期、学龄期和青春期，各期之间既有区别又有联系。婴幼儿是婴儿期和幼儿期对儿童的统称，一般是指 0~3 岁的孩子。

一、胎儿期

　　精子与卵子结合、新生命的开始至胎儿从母体娩出，这一阶段称为胎儿期。

二、新生儿期

　　胎儿娩出，脐带结扎后至满 28 天为止的 4 周称为新生儿期。出生不满 7 天称为新生儿早期。新生儿期是婴儿出生后真正适应外界环境变化的重要时期，尤其在出生后 7 天，是死亡率、发病率最高的阶段。

三、婴儿期

　　婴儿期是从婴儿出生到一周岁，这个时期以母乳喂养为主，故又称为乳儿期。婴儿期是生长发育的第一个高峰，需要保证婴儿充足的营养，最重要的是保证蛋白质的摄入。母乳中有充分的蛋白质可以保证婴儿期的生长发育，故提倡母乳喂养。这一时期婴儿消化系统尚未发育完善，对喂养的要求非常高，喂养不当，会影响消化系统功能的发育。这个时期是婴儿的感觉功能、知觉功能以及语言功能的重要发育时期。

四、幼儿期

1~3岁称为幼儿期。此期小儿生长发育速度较前减慢，头部前囟门闭合，乳牙慢慢长齐，饮食从流质逐渐过渡到普通饮食。这个时期与婴儿时期相比，活动范围渐广，接触周围事物增多，语言、动作、心理发展显著，智能发育较前突出。

五、学龄前期

3～7岁为学龄前期，相当于幼儿园阶段，也称为幼童期。这个时期小孩走出家庭，走向他的小社会——幼儿园。这个时期一个很重要的特征是儿童体格发育稳步增长，身高每年会增长5～7厘米，体重也有均匀的增加。

六、学龄期

从小学起到进入青春期前为学龄期，即从6～7岁至12～14岁。这个时期的主要特点是儿童的体格开始稳步增长，智力开始稳步发育。

七、青春期

从第二性征出现到生殖功能基本发育成熟、身高停止增长的时期称青春期。一般女孩从 11 ～ 12 岁开始至 17 ～ 18 岁，男孩从 13 ～ 14 岁开始至 18 ～ 20 岁。青春期是生长发育的第二个高峰，第二性征和生殖系统快速发育，女孩出现月经、乳房发育，男孩出现喉结等。

第二讲　生长发育

生长是指整个身体和器官可以用度量衡测量出来的变化；发育是指细胞、组织、器官和系统功能的成熟。

一、生长发育的一般规律

（一）生长发育的连续性和阶段性

生长发育是一个连续的过程，具有阶段性。前一阶段与后一阶段彼此关联，如果前一阶段发育出现障碍，后一阶段发育必将受到影响。如婴儿学走路，学走前要先学会站，学站前要先会坐，会坐前一定要能把头抬起来，可见生长发育的每一阶段都有一定的特点，彼此关联。

（二）生长发育的速度呈波浪式

孩子生长发育的速度有时快，有时慢，不是直线上升，而是呈波浪式的。

出生第一年，增长速度最快，身长增长 20 ～ 25 厘米，增长值为出生时身长（50 厘米）的 50%；体重增加 6 ～ 7 千克，为出生时体重（3千克）的3倍。

出生第二年，身长增加约10厘米，体重增加2.5～3.5千克，速度也是较快的。

2岁以后，增长速度急剧下降，身长每年平均增加4～5厘米，体重每年增加1.5～2千克，保持相对平稳、较慢的生长速度，直至青春发育期再出现第二次突增。

（三）各系统器官发育的不均衡性

孩子身体各系统发育快慢不一致，如神经系统，尤其是大脑，在胎儿期和出生后的发育一直是领先的。出生时脑重约350克，相当于成人脑重的25%；6岁时，脑重已相当于成人脑重的90%。在这五六年里，由于大脑发育迅速，孩子的各种生理机能、语言发展、动作发展也是比较快的。淋巴系统的发育在出生后也特别迅速，10岁后随着其他各系统的成熟和对疾病抵抗力的增强，淋巴系统的作用有所减弱。生殖系统在童年时期几乎没有什么发展。虽然发育的顺序、快慢不同，但是各系统器官逐渐发育，共同为孩子的身体健康奠定基础。

（四）个体差异性

即便在相同的成长环境下，孩子的生长发育也不一定完全相同。这是因为生长发育还受遗传、性别、营养等方面的影响，必然呈现高矮、胖瘦、体质强弱以及智力的不同。

二、影响生长发育的因素

孩子的生长发育过程是个体在先天遗传和后天环境中各种因素相互作用的结果，也是机体在外界环境中遗传性和适应性矛盾统一的过程。

（一）遗传因素

细胞染色体所载的基因是遗传的物质基础，决定着孩子生长发育的特点。

（二）营养

孩子必须不断从外界摄取各种营养素，尤其是足够的热量、优质的蛋白质、各种维生素和矿物质等，才能促进其生长发育。

（三）体育运动和劳动

体育运动和劳动是促进孩子身体发育和增强体质的重要因素。体育运动和劳动可以加快机体的新陈代谢，提高呼吸系统、运动系统和心血管的功能，尤其能使孩子的骨骼和肌肉都得到锻炼。

（四）合理的作息

合理的生活作息，使孩子身体各部分包括大脑皮质在内，通过活动与休息都能得到适宜的交替，身体的营养消耗也可得到及时补充，有利于促进孩子的生长发育。

（五）疾病

儿童的生长发育可受各种疾病的直接影响。影响程度取决于病变部位、病程长短以及疾病的严重程度。

（六）生活环境

外界环境、季节、心理及社会因素、运动以及父母的育儿态度与习惯，对宝宝体格生长都有一定影响。

三、生长发育参照标准

根据儿童体格发育调查结果，国家卫生健康委员会组织专家，研究制订了《中国 7 岁以下儿童生长发育参照标准》。男孩和女孩发育情况不尽相同，可参考以下数据。但需注意的是，以下数据并非绝对标准，只要孩子的身高体重值在正常范围内，身体无异常病症，家长不必过分担心。

表 1-1　中国 7 岁以下儿童生长发育参照标准

年龄	月龄	体重 / 千克		身高 / 厘米		头围 / 厘米	
		男	女	男	女	男	女
新生儿	0 月	2.26 ~ 4.66	2.26 ~ 4.65	45.2 ~ 55.8	44.7 ~ 55.0	30.9 ~ 37.9	30.4 ~ 37.5
婴儿	1 月	3.09 ~ 6.33	2.98 ~ 6.05	48.7 ~ 61.2	47.9 ~ 59.9	33.3 ~ 40.7	32.6 ~ 39.9
	2 月	3.94 ~ 7.97	3.72 ~ 7.46	52.2 ~ 65.7	51.1 ~ 64.1	35.2 ~ 42.9	34.5 ~ 41.8
	3 月	4.69 ~ 9.37	4.40 ~ 8.71	55.3 ~ 69.0	54.2 ~ 67.5	36.7 ~ 44.6	36.0 ~ 43.4
	4 月	5.25 ~ 10.39	4.93 ~ 9.66	57.9 ~ 71.7	56.7 ~ 70.0	38.0 ~ 45.9	37.2 ~ 44.6

续表

年龄	月龄	体重 / 千克		身高 / 厘米		头围 / 厘米	
		男	女	男	女	男	女
婴儿	5 月	5.66 ~ 11.15	5.33 ~ 10.38	59.9 ~ 73.9	58.6 ~ 72.1	39.0 ~ 46.9	38.1 ~ 45.7
	6 月	5.97 ~ 11.72	5.64 ~ 10.93	61.4 ~ 75.8	60.1 ~ 74.0	39.8 ~ 47.7	38.9 ~ 46.5
	7 月	6.24 ~ 12.20	5.90 ~ 11.40	62.7 ~ 77.4	61.3 ~ 75.6	40.4 ~ 48.4	39.5 ~ 47.2
	8 月	6.46 ~ 12.60	6.13 ~ 11.80	63.9 ~ 78.9	62.5 ~ 77.3	41.0 ~ 48.9	40.1 ~ 47.7
	9 月	6.67 ~ 12.99	6.34 ~ 12.18	65.2 ~ 80.5	63.7 ~ 78.9	41.5 ~ 49.4	40.5 ~ 48.2
	10 月	6.86 ~ 13.34	6.53 ~ 12.52	66.4 ~ 82.1	64.9 ~ 80.5	41.9 ~ 49.8	40.9 ~ 48.6
	11 月	7.04 ~ 13.68	6.71 ~ 12.85	67.5 ~ 83.6	66.1 ~ 82.0	42.3 ~ 50.2	41.3 ~ 49.0
1 岁	12 月	7.21 ~ 14.00	6.87 ~ 13.15	68.6 ~ 85.0	67.2 ~ 83.4	42.6 ~ 50.5	41.5 ~ 49.3
2 岁	24 月	9.06~ 17.54	8.70~ 16.77	78.3 ~ 99.5	77.3~ 98.0	44.6~ 52.5	43.6~ 51.4
3 岁	36 月	10.61~ 20.64	10.23~ 20.10	86.3~ 109.4	85.4~ 108.1	45.7~ 53.5	44.8~ 52.6
4 岁	48 月	12.01~ 23.73	11.62~ 23.30	92.5~ 116.5	91.7~ 115.3	46.5~ 54.2	45.7~ 53.3
5 岁	60 月	13.50~ 27.85	12.93~ 26.87	98.7~ 124.7	97.8~ 123.4	47.2~ 54.9	46.3~ 53.9

续表

年龄	月龄	体重/千克		身高/厘米		头围/厘米	
		男	女	男	女	男	女
6岁	72月	14.74~32.57	14.11~30.94	104.1~132.1	103.2~130.8	47.8~55.4	46.8~54.4

📌 小贴士

表1-2 世界卫生组织0~3岁婴幼儿体格心智发育表

年龄	体重（男）/千克	身高（男）/厘米	体重（女）/千克	身高（女）/厘米	心智
初生	2.9~3.8	48.2~52.8	2.7~3.6	47.7~52.0	俯卧抬头，对声音有反应
1月	3.6~5.0	52.1~57.0	3.4~4.5	51.2~55.8	俯卧抬头45°，能注意父母面部
2月	3.0~6.0	55.5~60.7	4.0~5.4	54.4~59.2	俯卧抬头90°，笑出声、尖叫声、应答性发声
3月	5.0~6.9	58.5~63.7	4.7~6.2	57.1~59.5	俯卧抬头，两臂撑起，抱坐时头稳定，视野180°，能手握手
4月	5.7~7.6	61.0~66.4	5.3~6.9	59.4~64.5	能翻身，握住摇荡鼓
5月	6.3~8.2	63.2~68.6	5.8~7.5	61.5~66.7	蹲坐，头不下垂
6月	6.9~8.8	65.1~70.5	6.3~8.1	63.3~68.6	坐不需支持，听声转头，自吃饼干，握住玩具不被拿走，怕羞，认出陌生人，积木能递交

续表

年龄	体重（男）/千克	身高（男）/厘米	体重（女）/千克	身高（女）/厘米	心 智
8月	7.8 ~ 9.8	68.3 ~ 73.6	7.2 ~ 9.1	66.4 ~ 71.8	扶东西站，会爬，无意识叫爸爸妈妈，牙牙学语，躲猫猫，听得懂自己的名字，会摇手再见
10月	8.6 ~ 10.6	71.0 ~ 76.3	7.9 ~ 9.9	69.0 ~ 74.5	能自己坐，扶住行走，熟练协调地爬，理解一些简单的命令，如"到这来"
12月	9.1 ~ 11.3	73.4 ~ 78.8	8.5 ~ 10.6	71.5 ~ 77.1	独立行走，有意识叫爸爸妈妈，用杯喝水，能分清家人和家庭环境中的物体
15月	9.8 ~ 12.0	76.6 ~ 82.3	9.1 ~ 11.3	74.8 ~ 80.7	走得稳，能说几个字的短语，模仿，能垒两块积木，可以和成人很开心地玩
18月	10.3 ~ 12.7	79.4 ~ 85.4	9.7 ~ 12.0	77.9 ~ 84.0	能指出身体各部位，自己能吃饭，能认识色彩
21月	10.8 ~ 13.3	81.9 ~ 88.4	10.2 ~ 12.6	80.6 ~ 87.0	能踢球，扔东西，能垒4块积木，喜欢听故事，会用语言表示大小便
24月	11.2 ~ 14.0	84.3 ~ 91.0	10.6 ~ 13.2	83.3 ~ 89.8	两脚并跳，区别大小，认识两种色彩及简单形状
30月	12.1 ~ 15.3	88.9 ~ 95.8	11.7 ~ 14.7	87.9 ~ 94.7	单脚立，说出名字，洗手会擦干，能垒8块积木，常问为什么，试与同伴交谈，相互模仿

走进生活

儿童保健

许多人对儿童保健定义模糊，不清楚儿童保健到底做什么，认为带孩子到医院做保健很麻烦、很费事，觉得没必要。

儿童保健是保障儿童健康成长的重要措施。其意义在于及早发现儿童生长发育中可能存在的异常或者偏离，以便及早发现问题，及早进行干预和治疗。

常规保健体检包括：对儿童身长（身高）、体重、头围、前囟的发育水平进行测量和评价，心肺听诊、腹部和四肢的检查、贫血筛查，维生素D补充的督导，视力、听力筛查，语言、智力筛查，肢体运动功能筛查等。

国家卫生健康委员会要求：0～1岁孩子每年至少检查4次，1～3岁每年至少检查2次，4～7岁每年至少检查1次。

第二部分
帮吃喝

营养是婴幼儿生长发育和保持身心健康的物质基础，喂养是否合理、营养是否均衡，直接关系到孩子的身体成长、体质强弱。因此，正确合理的喂养对孩子尤其重要。

第一讲　液体食物

婴儿喂养的方法有母乳喂养、部分母乳喂养和人工喂养3种。

一、母乳喂养

母乳是能满足婴儿生理和心理发育最好的天然食物。一个健康的母亲可提供正常足月儿从出生到6个月所需要的营养素、能量和液体量。

（一）母乳的优点

1.营养丰富，易消化吸收

母乳中蛋白质、脂肪、糖比例适宜，适合婴儿生长发育的需要。此外，母乳含较多的必需氨基酸、必需不饱和脂肪酸及乳糖，均有利于婴儿脑的发育。

2.增加婴儿免疫力

母乳中含有不可替代的免疫成分，如初乳中含丰富的免疫球蛋白A（IgA），还有乳铁蛋白、低聚糖及大量的免疫活性物质，能增强婴儿免疫力。

3.增进母婴感情

婴儿与母亲直接接触，有利于婴儿心理健康发育。

4.其他

母乳方便经济，温度适宜，不易污染。哺乳可加快子宫复原，推迟月经复潮，减少妈妈再受孕的机会。

（二）不宜哺乳的情况

凡母亲感染 HIV，患有慢性肾炎、糖尿病、恶性肿瘤、精神病、癫痫或心功能不全等严重疾病应停止哺乳。

（三）断乳

随着孩子的长大，母乳已不能满足其生长发育的需要，应在生后 4 ~ 6 个月时开始添加辅食，为完全断母乳做准备。一般在生后 10 ~ 12 个月断母乳。

二、部分母乳喂养

同时采用母乳与配方乳喂养婴儿为部分母乳喂养，有两种情况。

（一）补授法

母乳不足，用配方乳补充母乳喂养。母乳喂哺次数不变，每次先哺母乳，将两侧乳房吸空后再以配方乳补足，适宜4~6个月内的孩子。

（二）代授法

用配方乳代替一次或数次母乳的方法。适宜4~6个月以后的孩子，为断母乳做准备。但每日母乳喂哺次数不应少于3次，以防止母乳分泌减少。

三、人工喂养

4~6个月内的孩子由于各种原因不能进行母乳喂养，完全采用其他乳品或代乳品喂哺时，称为人工喂养。

（一）食品的选择

1. 配方奶粉

配方奶粉是以牛乳为基础的改造乳制品。生产过程中参照母乳成分，降低了酪蛋白和无机盐的含量，加入了乳清蛋白、乳糖等物质，使之适合婴儿的消化能力和肾功能；并且补充适量的维生素和微量元素，使配方奶粉尽量接近母乳。

图 2-1　配方奶粉

2. 兽乳

鲜牛乳是常用的乳品，但成分不适合婴儿。羊乳和鲜牛乳成分接近，但更易消化，由于缺乏叶酸和维生素 B12，长期单独羊乳喂哺易引起营养性巨幼红细胞性贫血。

图 2-2　鲜牛乳

3. 全脂奶粉

全脂奶粉是由鲜牛乳浓缩制成的干粉。采用全脂奶粉喂养婴儿时，不宜直接喂养，必须经过改造。

图 2-3　全脂奶粉

以上乳品中，配方奶粉营养最接近母乳，所以人工喂养和宝宝断母乳时首选配方奶粉比较合适。

（二）配方奶粉的冲调

用配方奶粉喂养孩子时，正确冲兑奶粉可以保证奶粉中的营养不被破坏，有利于孩子健康成长。

1. 准备

（1）环境准备

房间宽敞明亮，操作台面干净整洁。

（2）用物准备

奶粉、已消毒的奶瓶、38 ~ 40 ℃的温开水。

（3）操作者准备

洗净双手。

扫码观看

怎样正确使用奶瓶喂养

2. 操作步骤

表 2-1　冲兑奶粉步骤

操作步骤	操作方法
加水	先加水，水量按婴儿体重及实际需要准备
加奶粉	奶粉和水的比例严格按说明书上的建议配比
摇匀	①旋紧奶嘴盖； ②左右轻轻摇晃瓶身或将奶瓶放在双手掌心轻轻搓滚，让奶粉充分溶解
试温	将兑好的奶，滴 1 ~ 2 滴在手腕内侧，感觉温热即可给孩子喂哺

（a）加水

（b）加奶粉

（c）摇匀

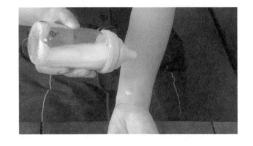
（d）试温

图 2-4 冲兑奶粉

【注意事项】

（1）用 38 ~ 40 ℃的温开水兑奶，水温不宜过高，以保证奶粉中的营养不被破坏。

（2）奶粉要现用现兑，不要提前兑好。

（3）取奶粉时，需用奶粉自带的专用量勺，在奶粉筒（盒）口平面刮平，一定要平勺，保证量的精确。

（4）摇匀溶解奶粉时，不要上下晃动，避免产生大量气泡，引起孩子腹胀。

🔖 小贴士

奶嘴的选择

橡胶奶嘴的乳头孔大小要合适，1~3 个月的婴儿的奶嘴以倒置奶瓶乳液一滴一滴流出，两滴之间稍有间隔为宜；4~6 个月的婴儿宜选用乳液能连续滴出的奶嘴；6 个月以上的婴儿选用乳液成线状流出的奶嘴。奶嘴孔过大易呛奶，过小则吸吮费力。

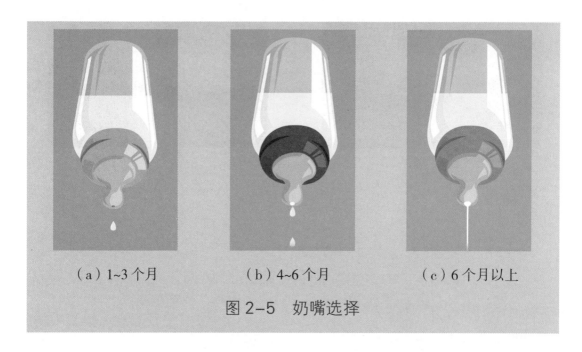

（a）1~3 个月　　　　（b）4~6 个月　　　　（c）6 个月以上

图 2-5　奶嘴选择

（三）奶瓶喂养方法

奶粉冲调好后，正确的喂养也非常重要。

1. 准备

（1）环境准备

房间宽敞明亮，温度 22 ～ 24 ℃。

（2）用物准备

扶手椅或有靠垫的椅子，冲调好的奶粉。

（3）操作者准备

洗净双手。

2. 操作步骤

表 2-2　奶瓶喂养

操作步骤	操作方法
坐稳	喂哺者坐在扶手椅或有靠垫的椅子上，这样会比较舒适

续表

操作步骤	操作方法
抱好	①将孩子抱入怀中，头部枕在左臂弯处，前臂支撑孩子的后背，搂住孩子，使其尽量靠近我们胸前； ②将孩子头部抬高，呈半坐姿势
放奶嘴	①用奶嘴轻触孩子下唇； ②待其张嘴后顺势放入奶嘴，动作要轻柔
喂奶	始终保持奶瓶倾斜，使奶嘴里充满奶液，避免吸入过多空气，引起孩子腹胀
拍背	①喂奶完毕，竖抱孩子，将头伏于我们肩部； ②空心掌，由下向上，轻拍孩子背部； ③听到一个响亮的嗝，表示胃内空气已排出
侧卧	喂奶完毕，将孩子置于右侧卧位，防止呕吐或溢乳

（a）半坐

（b）喂哺

（c）拍背

（d）右侧卧位

图 2-6　奶瓶喂养

【注意事项】

（1）喂哺时要用柔和的眼光看着孩子喝奶，眼睛尽量与孩子对视，以增进情感交流。

（2）选择适宜的奶瓶和奶嘴；正确冲调奶粉；及时根据孩子情况调整奶量。

（3）喂哺前测试奶液温度；喂哺时避免空气吸入。

（4）喂奶后奶具应及时清洗、定期消毒。

（五）奶瓶的清洁与消毒

喂奶后应及时倒掉剩余的奶液，清洗、消毒奶瓶、奶嘴，收好备用。

1. 准备

（1）环境准备

房间宽敞明亮，操作台面干净整洁。

（2）用物准备

奶瓶刷、奶嘴刷、奶瓶夹、奶瓶架、纱布、小毛巾、锅（奶瓶消毒锅）。

（3）操作者准备

洗净双手。

2. 操作步骤

表 2-3 奶瓶的清洗消毒

操作步骤	操作方法
清洗	①将奶瓶所有组件包括奶瓶、瓶盖、奶嘴、套环全部拆开； ②逐一用刷子刷去残留的乳汁，然后用水冲洗干净； ③奶嘴洞、奶嘴内侧及奶瓶盖的沟纹处，用小刷子刷洗干净
煮沸消毒	①将奶瓶放入锅内煮 5 ~ 10 分钟； ②奶嘴及瓶盖用纱布包住煮 3 分钟
消毒锅消毒	严格参照锅的使用说明操作
晾干	①消毒后，用专用奶瓶夹取出； ②放在奶瓶架上沥干水分； ③晾干后的奶嘴，套好奶瓶盖，备用

（a）清洗奶瓶

（b）煮沸消毒

（c）消毒锅消毒

图 2-7 奶瓶的清洁与消毒

【注意事项】

（1）奶瓶应该用一次，清洗、消毒一次。当天消毒，当天用。

（2）煮沸消毒时，水的深度要浸没所有奶具。如果是玻璃奶瓶，应冷水放入，以免引起爆裂；奶嘴、奶瓶盖、塑料奶瓶等应水沸后放入，以免变形老化。

（3）消毒后奶瓶一定要烘干或晾干，不留水渍。

第二讲　固体食物

孩子4～6个月后，随着生长发育的逐渐成熟，纯乳类喂养已经不能满足其需要，需向固体食物转换。

一、婴儿期膳食

4～6个月后，需要添加泥糊状辅助食品，一方面满足婴儿的营养需求；另一方面锻炼婴儿的咀嚼能力，以促进咀嚼肌的发育、牙齿的萌出和颌骨的正常发育，以及胃肠功能和消化酶活性的提高，同时也是为孩子断母乳做准备。

（一）辅食添加原则

辅食应在孩子健康、消化功能正常、情绪良好时逐步添加，如有不适应立即停止添加，切忌强迫孩子进食。

（1）由少到多。添加食物最初可少喂些，以后逐渐增加，使孩子对食物有一个适应过程。

（2）由一种到多种。每次只能添加一种食物，适应这种食物 3 ～ 5 天后，再逐渐添加另一种，不能同时添加几种。

（3）由稀到稠。从流质开始到半流质再到固体。从乳类开始到稀米糊，使婴儿逐渐适应辅食的吞咽，再逐渐增稠直到软饭。

（4）由细到粗。如蔬菜应从菜汁到菜泥再到碎菜。

（5）从软到硬。随着宝宝年龄增长，其食物有一定硬度可促进孩子牙齿萌出和咀嚼。

（二）添加辅食的种类和顺序

表 2-4　辅食添加顺序

食物性质	月　龄	添加食品种类	
泥状食物	4~5 月	蛋黄泥、米粉糊	米粉糊
	5~6 月	菜泥、水果泥	菜泥
末状食物	7 月	米糊粥、蒸蛋羹、肝泥、鱼泥	蒸蛋羹

续表

食物性质	月 龄	添加食品种类		
	8~9 月	稀饭、烂面、碎菜叶、肉末		烂面
碎食物	10~12 月	软饭、面条、面片、混沌、小水饺、菜叶、肝类		馄饨

（三）辅食的制作

制作婴儿辅食前，要洗净食材、餐具和双手。制作食材时，不宜油腻，不要添加味精、盐、香料等调料。下面介绍几种常见辅食的制作方法：

1. 小油菜泥

适合 6 个月的孩子。

【食材】小油菜 50 克。

【制作方法】见表 2-5。

表 2-5　小油菜泥的制作方法

步　骤	方　法
切碎	将洗净的小油菜切碎
蒸烂	放入蒸锅中，中火蒸 5 分钟，至油菜软烂

步　骤	方　法
捣烂	①将蒸好的油菜放入料理碗中； ②用小勺或小木槌捣烂、挤压，做成菜泥

图 2-8　小油菜

图 2-9　小油菜泥

2.鱼泥西兰花

适合 7 个月的孩子。

【食材】海鱼、西兰花。

【制作方法】

表 2-6　鱼泥西兰花的制作方法

步　骤	方　法
鱼泥	①将洗净的鱼蒸 8 分钟； ②去除鱼刺，抿成鱼泥
西兰花泥	①将洗净的西兰花放入沸水中煮 5 分钟； ②将西兰花捣烂、挤压，做成菜泥
混合	①将鱼泥和西兰花泥混合； ②加入少量鱼汤搅拌

图 2-10　西兰花

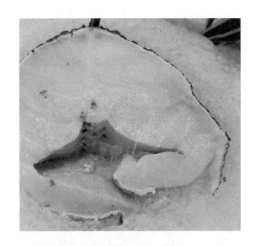

图 2-11　海鱼

图 2-12　鱼泥西兰花

3. 时蔬面疙瘩汤

适合 9 个月的孩子。

【食材】青菜、面粉、鸡蛋。

【制作方法】

表 2-7　时蔬面疙瘩汤的制作方法

步　骤	方　法
焯青菜	将洗净的青菜焯水、切碎
搅拌面粉	①往面粉里一点儿一点儿加清水，边加水边搅拌； ②搅拌成小絮状
炒青菜	①锅中放入少许油，将切碎的青菜翻炒； ②加水
下面絮	①水开后加入面絮，煮熟； ②出锅滴入几滴香油

图 2-13　青菜

图 2-14　面絮

图 2-15　时蔬面疙瘩汤

4. 清蒸鲳鱼

适合 11 个月孩子。

【食材】一条小鲳鱼。

【制作方法】

表 2-8　清蒸鲳鱼的制作方法

步　骤	方　法
洗鱼	将鱼去腮、去内脏，洗净，两面打十字斜刀
腌制	撒上姜葱丝，滴几滴料酒，腌制 10 分钟
蒸鱼	水烧开后，鱼放入锅中，蒸 6 分钟
出锅	①鱼出锅，去掉姜葱丝； ②滴入几滴香油

 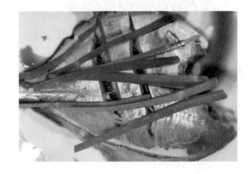

图 2-16　鲳鱼　　　　　　　图 2-17　清蒸鲳鱼

【注意事项】

（1）孩子进食时，家长需要时刻在旁监护。

（2）营造安静、舒适的进餐环境，促进食欲和食物的消化吸收。

（3）正确喂养，防止窒息：辅食喂养过程中应合理处理食物以及选择安全的喂养方式，这样能降低进食时窒息的风险。

（4）注意饮食卫生：婴幼儿的抵抗力差，容易感染疾病，因此饮食卫生需特别注意。

（5）注意食物过敏反应：食物过敏是指身体对某些食物不正常的免疫反应，可表现为进食后数小时嘴角出现发红、皮疹、脱皮、皮肤瘙痒，眼、舌、脸和嘴唇的肿胀，腹痛、腹泻、恶心、呕吐等过敏症状。因此，辅食的添加过程中，每添加一种食物，都要严密观察有无过敏反应。

二、幼儿期膳食

幼儿期膳食从婴儿期以乳类为主过渡到以谷类为主，奶、蛋、鱼、肉、蔬菜、水果为辅的混合膳食，但其烹调方法应与成人有别，以与幼儿的消化、代谢能力相适应。

（一）以谷类为主的平衡膳食

幼儿期每日膳食应包括谷类 100 ～ 250 克，牛奶至少 350 毫升，鸡蛋 50 克，鱼或瘦肉 75 ～ 125 克，豆制品 15 ～ 50 克，蔬菜 75 ～ 200 克。奶或奶制品仍是不可缺少的食物。

（二）合理烹调

幼儿主食以软饭、麦糊、面条、馒头、面包、饺子、馄饨等交替食用。蔬菜应切碎煮烂，瘦肉宜制成肉糜或肉末，易于幼儿咀嚼、吞咽和消化。坚果及种子类食物，如花生、黄豆等应磨碎制成泥糊状，以免呛入气管。幼儿食物烹调宜采用清蒸、焖煮，不宜添加味精等调味品，以原汁原味为好。

（三）膳食安排

幼儿一日餐次为三餐两点制，即早餐—早点—午餐—午点—晚餐。早餐宜安排含一定量碳水化合物和蛋白质的食物，提供一日能量和营养素的 25%；午餐应品种丰富并富含营养，提供一日能量和营养素的 35%，午点提供一日能量和营养素的 5% ~ 10%；晚饭后除水果或牛奶外逐渐养成不再进食的良好习惯。

幼儿的每周食谱中应安排一次动物肝脏、动物血及至少一次海产品，以补充维生素 A、铁、锌和碘。夏日的水分补充可以用清淡的饮料或冲淡的果汁，但不可在餐前大量补充，以免影响正餐。

三、进食习惯

孩子从 6 个月到 3 岁这段时期，应培养规律的饮食习惯，从而保证营养均衡，促进身体发育和免疫力的提升。

（一）定时、定位、专心

1. 定时

定时进食可以形成饥饱分明的条件反射规律，进食前有饥饿感，孩子的食欲就比较好。进餐时间没有规律是导致其暴食、偏食、爱吃零食的重要原因之一。

2. 定位

孩子进食时应有自己专用的餐具和固定的位置。不能坐稳时可以坐在家长的大腿上喂食；当7个月后能够坐稳了，可以选择婴幼儿专用餐桌椅。2岁以上的孩子可以有自己的小餐椅，并且让其在进餐前自己洗手，摆碗筷、凳子，这样也可以形成条件反射，容易进入就餐状态。

图 2-18　定位

3. 专心

专心进食有助于食物的细嚼慢咽，有助于营养的吸收，也有助于进餐时间的控制。每次进餐的时间一般控制在 20 ~ 30 分钟，养成良好的饮食习惯。

（1）进食时要有个相对独立的环境以减少干扰，避免孩子转移注意力。

（2）进食时避免玩耍，如到处摸爬、玩弄小匙、抓弄食物、把杯子弄翻以及往地上扔东西等，这些状况大都是在吃得大半饱或者是完全吃饱了以后才发生，而不是在其真正饥饿的时候。

因此，进食时只要孩子对食物失去了兴趣，就可以认为他已经吃饱了，应把孩子从椅子上抱下来，并且把吃的东西拿走。

（二）不偏食、不挑食、细嚼慢咽

婴幼儿处于快速生长期，需要的能量和营养素多。摄入食物种类越多，得到的营养越全面。偏食、挑食会引起营养缺乏性疾病，如缺铁性贫血、佝偻病等。

1. 增进食欲

（1）让孩子有足够的时间进行户外运动，适当的运动量会增进食欲。餐前尽量不让孩子吃零食，以免影响食欲。

（2）为孩子准备色、香、味俱全的诱人食物，增加孩子对食物的认识和兴趣，增进食欲。

（3）为孩子准备喜欢的餐具，也可以增加孩子对吃饭的兴趣和好感。

2. 减少关注

孩子在成长的某一阶段对某些食品表现出偏好或者厌恶，这是正常现象。度过这一阶段后这种状况会有所改变，但是如果在婴幼儿进餐时过多关注这种现象，则会强化婴幼儿的偏食行为。

3. "饥饿疗法"

偏食、挑食的孩子不想吃的时候，家长的态度应一致，不要用哄骗的方式引诱其吃饭，不许诺、不威胁、不追着喂食。应等其饿了再吃，不必担心对其有什么影响，婴幼儿身体内部对食物的需要会自动调节。在饥饿状态下进餐会减少偏食、挑食。

4. 言传身教

家长应言传身教做到不偏食、不挑食、专心进食、细嚼慢咽，并为孩子营造温馨的进餐环境。

（三）训练使用餐具

1. 喂食

添加辅食，应该使用小匙喂泥状食品，不可以把奶嘴剪大喂孩子吃泥状食品。

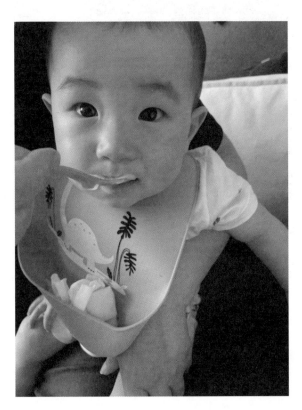

图 2-19　喂食

2. 抓食

从孩子 7 个月开始，应鼓励孩子自己从盘子里手抓食物进食，9 个月训练孩子用拇指和食指拿着吃东西，甚至可以让 1 岁左右的孩子"玩"食物，如蔬菜、瓜果等。让孩子感受到自己吃饭的乐趣，为以后用匙吃饭打下基础。

图 2-20　抓食

3. 独立进食

让 12~15 月龄的孩子自己尝试用匙进餐；1.5~2 岁的孩子熟练用匙进食；2 岁的孩子已经能自己进餐了，应训练其拿着杯子喝水。

图 2-21　独立进食

走进生活

王奶奶家的故事

王奶奶家小孙女儿的年龄在 6 个月左右，最近出现便秘、面黄肌瘦、脱发等症状。这可愁坏了全家人，带着宝宝到多家医院检查，没有查出原因，医生询问得知王奶奶一直给宝宝喝高浓度奶后，得出结论：小孙女儿的状况就是喝高浓度奶造成的，如果不及时纠正，后果不堪设想。王奶奶后悔不已，没想到自己的无知给最爱的小孙女儿带来伤害。

原来王奶奶的儿子、儿媳都在工厂上班。大孙子已经 10 岁，身体长得壮壮的，是王奶奶一手带大的。小孙女儿是二胎，三个月时，儿媳回工厂上班，带孙女儿的重任就落在王奶奶身上。由于没有坚持母乳喂养，儿媳慢慢就没有奶水了，小孙女儿主要吃配方奶粉。儿媳下班回家偶尔会发现王奶奶兑奶时水量不够、不按说明兑奶等问题，提醒后王奶奶没在意，觉得水少点儿、奶浓点儿营养好，继续这样给孙女喂养，没想到差点酿成大错。

配方奶粉喂养孩子，兑奶粉一定按产品说明，浓度要合适，太稀、太浓都会影响宝宝健康。爷爷奶奶们请一定记住！

第三部分
勤换洗

　　婴幼儿懵懂可爱、皮肤娇嫩、新陈代谢旺盛。勤洗澡、勤换衣、做好娇嫩皮肤的护理，让孩子变成讲卫生、爱干净、懂规矩的好孩子！

第一讲　皮肤护理

一、婴儿沐浴法

婴儿新陈代谢旺盛，皮肤娇嫩，给孩子洗澡不仅可以保持皮肤清洁舒适，预防皮肤感染，还可以促进血液循环，观察孩子全身情况。

1. 准备

（1）环境准备

关闭门窗，保持室温 26 ～ 28 ℃。

怎样给婴儿洗澡

扫码观看

（2）用物准备

①准备好换洗衣物、尿布、浴巾、小毛巾、沐浴液、护臀霜等用物；

②脸盆、浴盆内备 38 ～ 40 ℃温水约 2/3 满。（测试水温可用水温计或前臂内侧，以感觉水不烫为宜）

（3）操作人员准备

修剪指甲、摘除首饰、洗手。

2. 操作步骤

表 3-1　婴儿沐浴法

操作步骤	操作方法
洗脸	将孩子放于操作台上，脱去衣服，保留尿布，用大毛巾包裹孩子全身。抱起孩子，用左手托住其头颈部，左臂及腋下夹住孩子臀部及下肢。 ①洗眼睛：用小毛巾从内眼角向外眼角轻轻擦拭一侧眼睛，毛巾换成清洁的另一面，同法擦洗另一侧眼睛。 ②依次擦洗鼻子—鼻翼—口唇周围—额头—面部—下巴—耳朵
洗头	拇指与中指分别将孩子耳朵折向前方，轻轻按住，堵住外耳道，以免水流入耳内。 ①将洗发液均匀涂抹在头上，用指腹轻轻揉搓，清水冲洗干净。 ②擦干头发
洗躯干	左手握住左肩及腋窝处，使其头颈部枕于操作者左手腕及前臂；用右手握住孩子左腿靠近腹股沟处。 ①入盆：轻轻试水，将孩子缓慢放入水中。 ②洗胸腹部： a. 保持入盆时左手的姿势，松开右手。 b. 先浇少许水在孩子胸部，让孩子先适应水温。 c. 依次清洗颈部—胸部—腹部—腋下—上肢—手—会—下肢。清洗过程中重点注意颈部、腋下、腹股沟等皮肤褶皱处。 ③洗背臀部： a. 换右手从前方握住孩子左肩及腋窝处，使其头颈部俯于操作者右手腕及前臂，捋顺孩子下肢。 b. 清洗后颈部—背部—臀部—下肢，边洗边冲净沐浴液。 ④背部清洗完成后，将孩子回到仰卧的姿势，再次用清水将沐浴液清洗干净
清洗后	①出盆：将孩子从水中抱出，用大毛巾包裹全身并将水分吸干。 ②检查孩子全身皮肤情况，涂抹润肤乳。 ③穿好纸尿裤、衣服

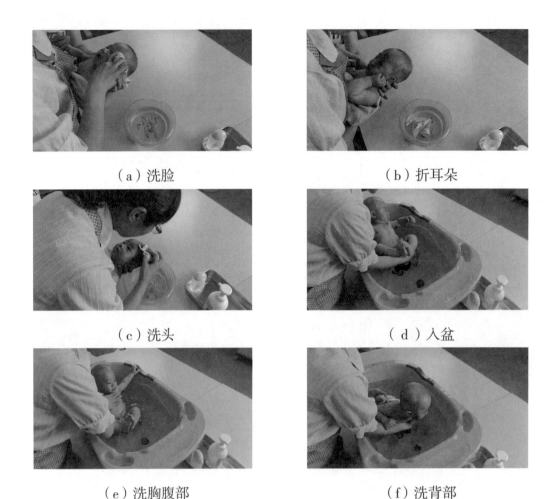

（a）洗脸　　　　　　　　　（b）折耳朵

（c）洗头　　　　　　　　　（d）入盆

（e）洗胸腹部　　　　　　　（f）洗背部

图 3-1　沐浴法

【注意事项】

（1）婴儿洗澡最好每天一次，频率也可随季节和孩子的具体情况而定。

（2）洗澡时间宜安排在进食 1 小时后或喂奶前，以防孩子呕吐和溢乳。

（3）给孩子洗澡时动作要轻快，注意保暖，防止着凉。

（4）水和洗发液不要流入孩子耳朵和眼睛。

（5）初入浴盆时，一定抱稳孩子，避免滑落坠地。

（6）为孩子洗澡时，应保持微笑，并与孩子进行语言和情感交流。

小贴士

清洗会阴

洗澡时，女孩自上而下轻轻清洗阴唇；男孩注意洗净阴囊下方及包皮处污垢。

二、婴儿抚触

婴儿抚触是按照一定的顺序，轻轻地触摸孩子肌肤，以促进血液循环，刺激感觉器官的发育，提高身体抵抗力，促进孩子健康成长的一种科学育婴方法。沐浴后是为孩子抚触的最佳时机。

1. 准备

（1）环境准备

①关闭门窗，调节室温保持在 26 ~ 28 ℃。

②播放一些舒缓柔和的音乐作背景。

（2）用物准备

①在床上选择适当位置或选择一个柔软平坦的台子。

②婴儿润肤油、换洗衣物、尿布、包被等。

（3）操作人员准备

修剪指甲、摘除首饰、洗手。

2. 操作步骤

表 3-2　婴儿抚触

操作步骤	操作方法
抚触前	①解开包被,脱去衣服和尿布,将孩子裸露放在操作台上; ②将润肤油倒在手心, 揉搓双手至温暖
前额部	①双手拇指放眉心, 其余四指放在头部两侧; ②拇指由眉心向两侧太阳穴滑动
下颌部	①双手拇指放下颌正中央, 其余四指放在脸颊两侧; ②拇指从下颌正中央向两侧、向上滑动, 至双耳下方, 划出一个微笑状
头部	①一手托住孩子头颈部; ②另一手手掌面从前额发际向上、向后滑动, 至后下发际, 并停止于耳后乳突处, 轻轻按压; ③左右手交替
胸部	①双手放在孩子胸部外下侧; ②由外下侧按摩滑向对侧肩部, 左右手交替; ③注意避开乳头
腹部	①将右手放在孩子腹部右下方, 沿顺时针方向做圆弧形滑动, 至左下腹; ②左手紧跟右手做弧形按摩
四肢	①手呈半圆形, 握住孩子上肢近端, 双手交替, 从上臂至腕部分段挤捏上肢; ②两手拇指指腹从孩子手掌面根部依次推向指侧, 抚摸孩子掌心, 其余四指交替抚摸孩子手背; ③用拇指、食指、中指自孩子每个指根部轻轻抚触至指尖 （注:用上述方法依次抚触孩子对侧上肢和双下肢）

操作步骤	操作方法
背部	孩子呈俯卧位 ①以脊柱为中线，双手指腹并拢分别放于脊柱两侧，由中央向身体两侧滑动按摩，从上到下，从背部上端至臀部依次进行； ②左右手交替从头顶沿脊柱抚触至臀部
抚触后	①帮助孩子活动各关节，分别做上、下肢的伸展和交叉； ②穿好纸尿裤、衣服

（a）头面部

（b）胸部

（c）腹部

（d）上肢

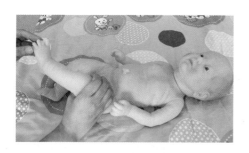

（e）下肢

（f）背部

图 3-2　婴儿抚触

【注意事项】

（1）抚触应选择恰当的时间进行。孩子不宜太饱或太饿，最好在沐浴后进行。

（2）抚触的每个动作重复4遍，全部动作15分钟内完成。

（3）开始时轻轻抚触，逐渐增加力度，让孩子慢慢适应。

（4）根据孩子需要，不要强迫孩子保持固定姿势，如哭闹，先设法让他安静后，才可继续。一旦哭闹厉害应立即停止抚触。

（5）不要让孩子眼睛接触润肤油。

三、湿疹的护理

湿疹是一种常见的，由多种内外因素引起的表皮及真皮浅层的炎症性皮肤病，一般认为与变态反应有一定关系。其皮疹呈多样性，对称分布，剧烈瘙痒，反复发作。

（一）诱发原因

湿疹的发病是由多种因素相互作用所致，诱发湿疹的原因很多，主要有：

①对牛羊奶、牛羊肉、鱼、虾、蛋等食物过敏。

②过量喂养而致消化不良。

③吃糖过多，造成肠内异常发酵。

④肠寄生虫。

⑤强光照射。

⑥肥皂、化妆品、皮毛、花粉、油漆的刺激。

⑦乳房接触致敏原，或吃了某些食品通过乳汁影响孩子。

⑧遗传倾向。

（二）辨别湿疹

湿疹是一种容易复发的皮肤病，多数孩子表现为慢性湿疹。根据年龄，分为婴儿湿疹和幼儿湿疹。

1. 婴儿湿疹

表3-3　婴儿湿疹

类型	发病年龄	常见部位	表现
脂溢型	多见于1~3月	以颜面部为主	皮肤潮红，覆盖黄色油腻性鳞屑
渗出型	多见于3~6月	开始在头面部，以后可蔓延全身	面颊出现红色小丘疹、小水疱及红斑。可有红肿、糜烂、渗出、黄色结痂
干燥型	多见于6~12月	出现在面部、躯干、四肢两侧	表现为丘疹、红肿鳞屑及结痂

2. 幼儿湿疹

幼儿湿疹由婴儿湿疹延续而来，或婴儿期未发病而到幼儿期才发病。幼儿湿疹病程较长，疹型比婴儿湿疹复杂，除红斑、水疱、糜烂、结痂外，还有丘疹、小结节、小风团和苔藓化，且皮疹更痒，血痂、抓痕也多。幼儿湿疹好发部位常不在面部，而在四肢屈侧和皱褶部，如腋窝、肘窝、腹股沟等处。皮疹多半干燥，搔抓后易合并化脓感染。当湿疹发展为慢性（持续很长时间），皮肤就有可能变厚、色素沉着，形成粗糙的痂皮。

（三）居家处理

症状比较轻的湿疹，如皮肤轻微变红、脱皮，有几个小的丘疹，可以不用药，注意日常护理，用保湿霜就可以了。但如果症状比较重，如大片红斑、水疱、黄色痂皮、疼痛、液性渗出等，请及时就医。

湿疹没有任何根治的方法，有效的治疗方法就是防止皮肤干燥、发痒，同时避免接触容易诱发湿疹的物质。

1. 治疗湿疹

治疗湿疹应从以下几方面入手：

（1）使用润肤品：孩子的敏感皮肤需要天天保湿，润肤品规律使用是最重要的治疗方法。润肤品可以保护皮肤、防止干燥、使其光滑，减少皮肤发痒和发红。

（2）洗澡：每天洗澡，保持皮肤清洁。洗澡时身上的沐浴液一定清洗干净。洗澡后及时抹上润肤品，锁住皮肤水分。

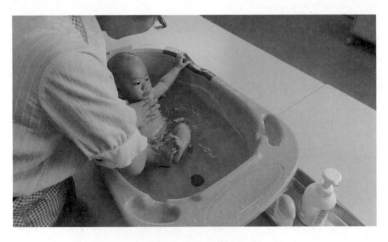

图 3-3　洗澡

（3）类固醇激素的使用：激素类药物必须严格遵医嘱使用。

这类药物适量使用是安全的，是治疗湿疹的重要方法之一；1～2次/天，涂抹到发红或粉色的皮肤上；洗澡后先涂激素药，然后涂润肤品在没有发炎的地方。

（4）抗过敏药：除了皮肤外用药之外，孩子还可以口服一些抗过敏药物来减轻瘙痒，但需严格遵医嘱。对大多数孩子而言，经过恰当的治疗护理，湿疹是可以有效控制的。

2. 预防湿疹复发

孩子湿疹明显时需先治疗，待皮疹消失后，更重要的任务是做好家庭护理预防湿疹反复。如何预防孩子湿疹复发呢？

①寻找发病原因：尽量寻找孩子发病的原因并根治，但这往往很难做到。

②注意喂养和饮食：湿疹孩子建议晚1～2个月添加辅食；饮食尽可能新鲜、清淡；发现食用某种食物后出现湿疹，避免再次进食。

图 3-4　注意饮食

③衣物方面：所有衣物、床褥最好是棉质；衣服尽量轻薄、

宽松、柔软；衣服、床褥应经常更换，保持清洁、干爽。

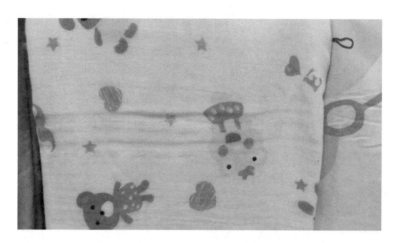

图 3-5　棉质衣物

④日常生活方面：避免过热和出汗；避免接触羽毛、兽毛、花粉、化纤等过敏物质。

图 3-6　避免过热、出汗

⑤洗浴方面：温水洗浴，保持皮肤清洁；避免使用去脂性强的碱性洗浴用品，选择偏酸性的洗浴用品；护肤品宜选择低敏或抗敏制剂。

图 3-7 洗浴

⑥环境方面: 室温不宜过高; 家里不养宠物, 室内不铺地毯; 保持室内干净、整洁、通风良好。

图 3-8 环境干净整洁

⑦增强孩子抵抗力: 保持孩子大便通畅; 保证孩子睡眠充足。

图 3-9　增强抵抗力

第二讲　穿脱衣

孩子皮肤娇嫩，骨骼柔软，选择衣物和穿脱衣服都要注意方法，避免伤着孩子。

一、衣物选择

孩子的衣物一般应选择柔软、亲肤、有弹性的，以纯棉、浅色的为宜。化纤制品容易引起婴幼儿皮肤过敏，不宜选择。型号宜稍偏大，穿着舒适，衣服也耐用。

扫码观看

婴儿衣物的选择与穿脱

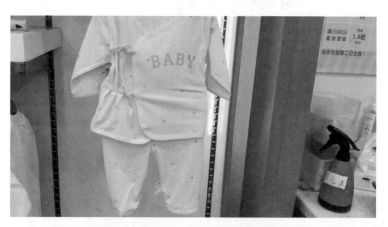

图 3-10　棉质浅色衣物

衣服上不能有太多的装饰物，如小珠子、小亮片等，以免孩子误食；新生儿的衣服不宜采用拉链、扣子和别针。

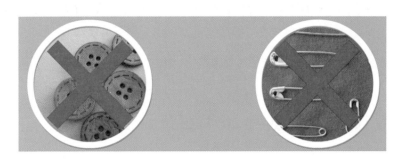

图 3-11　避免饰物

孩子衣服有开衫、套头衫和连体衣三种款式。最好选择开衫，穿脱容易，方便更换尿布。

（a）开衫　　　　　　（b）套头衫　　　　　　（c）连体衣

图 3-12　衣物款式

穿衣前仔细检查，除去多余的线头，防止缠绕孩子手指。

图 3-13　剪去衣服的线头

二、穿脱衣服

下面以常见的开衫为例讲解孩子穿脱衣方法。

1. 准备

（1）环境准备

关闭门窗，调节室温 26 ℃左右。

（2）用物准备

①在床上选择适当位置或选择一个柔软平坦的台子。

②干净的衣物。

（3）操作人员准备

摘除饰物，剪短指甲，洗净双手。

2. 操作步骤

给孩子穿开衫衣裤时，应先穿衣服，再穿裤子。

表 3-4　穿开衫衣裤

操作步骤	操作方法
摆放衣裤	①将上衣带子全部解开，平铺于操作台； ②裤子前面朝上放好，一般后裆比前裆开叉大
穿袖子	①托起孩子，将孩子平放于衣服上，脖子对准衣领的位置； ②将衣袖收拢，一手从中间穿过去，五指张开，撑起衣袖； ③另一只手轻轻握住孩子前臂和肘关节处，撑起衣袖的手包住孩子手腕，另一手顺势把衣袖套在孩子手臂上，拉至肩颈处； ④同法穿好另一侧
系衣带	①由里到外，由上往下系好带子，松紧适宜； ②整理好衣物

续表

操作步骤	操作方法
穿裤腿	①把裤腿由上往下收拢，一手从中穿过，五指张开，撑起裤腿； ②一手托起孩子足踝，用撑起裤腿的手握住孩子足踝处，另一手顺势拉上裤腿； ③同法穿好另一侧
整理裤子	①双手将裤腰拉至孩子腰部，侧身，提起裤腰包住上衣； ②同法穿好另一侧； ③把衣服整理平整

（a）摆放衣裤

（b）脖子对衣领

（c）穿衣袖

（d）穿裤腿

（e）整理衣裤

图 3-14 穿开衫衣裤

给孩子脱开衫衣裤时，应先脱裤子，再脱衣服。

表 3-5　脱开衫衣裤

操作步骤	操作方法
脱裤子	①将孩子平放于操作台，双手拉下裤腰至大腿； ②侧身，拉下裤腰至臀下，同法拉下另一侧； ③一手托起孩子腿部，一手拉下裤腿； ④同法脱下另一侧
脱开衫	①解开带子； ②收拢一侧衣袖，套在手上，另一手扶住孩子前臂和手腕处，轻轻拉出衣袖； ③侧身，将衣服塞入孩子身下； ④放平孩子，拉下另一侧衣袖即可

（a）脱裤子

（b）脱衣服

图 3-15　脱开衫衣裤

【注意事项】

（1）洗净双手，剪短指甲，提前将衣物准备齐全，按顺序放好。

（2）穿衣前，检查衣服面料是否柔软透气、纽扣是否松动、衣带是否缠绕、挂件饰物等是否安全。

（3）在平坦的地方换衣服，如床上或者婴儿床垫上，并准备一些孩子娱乐的玩具。

（4）穿脱衣时动作一定要轻柔，以免擦伤孩子皮肤，或造成关节脱臼。

（5）穿脱衣时面带微笑，边穿边给孩子讲解，并不时地加以鼓励和表扬，使孩子养成勤换衣服、爱清洁的良好习惯。

第三讲　大小便

婴幼儿大小便要经历由随意到能控制的过程，这期间需要细心周到的观察和照料。保持臀部皮肤清洁、干燥，预防感染，并培养孩子良好的排便习惯。

一、大小便的观察

（一）大便观察

婴幼儿时期，胆汁分泌较少，对脂肪的消化和吸收能力较差；胰液及消化酶的分泌极易受天气和疾病的影响而受到抑制，容易发生消化不良；肠道正常菌群脆弱，易受许多因素影响而发生菌群失调，导致消化功能紊乱。

1. 正常粪便

（1）胎粪：新生儿自出生后 12 小时内开始排出胎粪，呈墨绿色，质黏稠，无臭味，持续 2～3 天，逐渐过渡为黄色糊状粪便。如果生后 24 小时内无胎粪排出，应报告医生检查有无肛门闭锁等消化道畸形。

图 3-16　墨绿色胎粪

（2）母乳喂养儿粪便：纯母乳喂养儿粪便呈黄色或金黄色，均匀糊状，偶有细小乳凝块，不臭，有酸味，每日排2～4次。

图 3-17　黄色母乳便

（3）人工喂养儿粪便：呈淡黄色或灰黄色，较稠，多成形，量多，较臭，每日排1～2次，易发生便秘。

图 3-18　淡黄色奶粉便

（4）混合喂养儿粪便：母乳加牛乳喂养者的粪便与喂牛乳者的粪便相似，但质地比较软、颜色较黄。

无论何种方法喂养，添加谷类、蛋、肉及蔬菜等辅食后，粪便性状均接近成人。

2.异常粪便

在食物量及种类没有改变的情况下，大便的次数突然增加或减少以及颜色、性状等发生改变，应及时就医。

图 3-19　异常粪便

◢ 小贴士

生理性腹泻

如孩子大便一直为每日 4～6 次，呈黄绿色稀便，但一般情况良好，生长发育未受影响，无其他不适，这种现象属生理性腹泻，添加辅食后自然痊愈。

（二）小便的观察

新生儿出生时肾单位数量已达成人水平，但其生理功能尚不完善，新生儿及婴幼儿的肾小球滤过率低，肾血流量、肾小管的重吸收能力及排泄功能均不成熟，表现为排尿次数较多，尿比重低。

1. 正常尿液

（1）外观：正常小儿的尿液呈淡黄色透明状。

（2）排尿次数：新生儿自出生后 24 ~ 48 小时内排尿。出生后最初几天因摄入少，每日排尿 4 ~ 5 次；1 周后因摄入量增加，排尿次数增至每日 20 ~ 25 次；1 岁时排尿每日约 15 ~ 16 次；学龄前和学龄期减至每日 6 ~ 7 次。一般小儿 3 岁左右已能控制排尿。

（2）尿量：小儿尿量与液体的摄入量、气温、食物种类、活动量及精神因素有关。正常婴儿每日尿量 400 ~ 500 毫升，幼儿为每日 500 ~ 600 毫升。

2. 异常尿液

婴幼儿每日尿量＜ 200 毫升为少尿。每日尿量＜ 50 毫升为无尿。当尿量超过正常排出量的 2.5 ~ 3 倍时为多尿。

尿液次数、颜色、性状发生改变，应及时就医。

📌 小贴士

假月经

女孩出生前，受妈妈雌激素影响，子宫内膜增殖、充血。出生后

3～5天雌激素水平下降。孩子增殖、充血的子宫内膜就随之脱落，阴道里就会排出少量血液和一些血性分泌物，看起来好像是来了"月经"。这种"假月经"出血量很少，一般经过2～4天后即可自行消失，不需就医。如果孩子的阴道出血量较多，持续时间较长，则须及时请医生诊治。

二、更换尿布

孩子皮肤娇嫩，使用尿布需及时更换，保持孩子臀部皮肤清洁、干燥和舒适，预防皮肤破损和尿布皮炎。

（一）尿布的种类

表 3-6　尿布的种类

尿布种类	优　点	缺　点
布尿布	柔软、吸水性强、可用旧布料制作	费时费水，如更换不及时，易污染裤子及包被
纸尿布	使用方便无须清洗，省时省力	一次性丢弃，费用高
纸尿裤	跨裆处褶皱为双层结构，可防止大便溢出，外出使用方便	透气性差，易发生臀红、尿布疹等

（二）更换尿布法

1. 准备

（1）环境准备

关闭门窗，调节室温 26 ℃左右。

（2）用物准备

①在床上选择适当位置或选择一个柔软平坦的台子。

②尿布、尿布桶、温水、软毛巾。

③视臀部皮肤情况准备治疗药物（如植物油类、鞣酸软膏等）。

（3）操作人员准备

摘除饰物，剪短指甲，洗净双手。

2. 操作步骤

表3-7　更换尿布

操作步骤	操作方法
松解尿布	①揭开盖被，松解尿布、露出臀部； ②以原尿布的洁净部分由前向后轻轻擦拭会阴部及臀部； ③并以此盖上污湿部分，垫于臀下
清洗臀部	①用温水清洗会阴及臀部，擦洗顺序由上向下； ②用小毛巾轻轻吸干
取出尿布	①取出污染尿布； ②将污染部分向内卷折后放于污物桶
垫清洁尿布	①用一手握提孩子双脚，使臀部略抬高； ②另一手将清洁尿布一端垫于孩子腰骶部； ③另一端由两腿之间拉上覆盖至下腹部，系好，松紧适宜
整理	拉平衣服，盖好被子

（a）松解尿布

（b）垫于臀下

（c）清洗臀部

（d）垫清洁尿布

图 3-20 更换尿布

【注意事项】

（1）尿布要及时更换，以保持孩子臀部皮肤干爽。

（2）选择质地柔软、透气性好、吸水性强的尿布，以减少对孩子臀部皮肤的刺激。

（3）动作应轻快，避免长时间暴露，以免孩子着凉。

（4）尿布包扎松紧合适，防止因过紧而影响孩子活动或过松造成粪便外溢。

（5）孩子刚刚吃完奶，不宜更换尿布，以免引起溢乳、呕吐。

三、红臀的护理

红臀又称尿布皮炎，主要是由于大小便后不及时更换尿布、尿布未洗净、对一次性纸尿裤过敏等致使尿液不能蒸发，婴儿臀部处于湿热状态，尿中尿素氮被粪便中的细菌分解而产生氨，刺激皮肤所致。

（一）红臀的临床表现

表 3-8　红臀的临床表现

分　期		临床表现
轻度		只是皮肤潮红
重度	Ⅰ度	局部皮肤潮红伴皮疹
	Ⅱ度	皮疹溃破，脱皮
	Ⅲ度	大片糜烂或表皮剥脱，有时继发细菌或真菌感染

（二）居家处理

如孩子出现红臀，家长应格外细心护理，保持臀部皮肤的清洁、干燥、舒适，防止感染，使尿布皮炎痊愈。

1. 准备

（1）环境准备

调节房间温度在 22 ~ 24 ℃，避免对流风。

（2）用物准备

①准备棉质尿布或一次性尿布、小毛巾或湿纸巾、温水等。
②棉签、润肤油或鞣酸软膏等药膏。

（3）操作者准备

摘除饰物，剪短指甲，洗净双手。

2. 操作步骤

表 3-9　红臀的护理

操作步骤	操作方法
清洗臀部	①用温水清洁臀部； ②用毛巾轻轻吸干水分
暴露	①将清洁尿布垫于臀下； ②在适宜的室温和气温下，让孩子臀部皮肤暴露于空气或阳光下 10 ~ 20 分钟
涂药	在局部涂润肤油或抹鞣酸软膏，如皮肤破溃渗出，可涂锌氧油，以帮助吸收并促进上皮细胞生长
整理	给孩子更换好尿布，盖好被褥

（a）清洗臀部

（b）暴露臀部

（c）涂药

（d）整理

图 3-21　红臀的护理

【注意事项】

（1）精心护理，保持孩子臀部清洁干燥；尿布需用浅色、柔软、吸水性好的棉布；用后清洗干净、在阳光下曝晒。

（2）轻度红臀，可自己在家里处理；重度红臀，应及时就医，按医嘱用药。

（3）臀部皮肤糜烂或破溃时用手蘸水冲洗，避免用毛巾擦洗。

（4）臀部暴露时应注意保暖，一般每日 2 ~ 3 次。

（5）涂药时棉签在皮肤上轻轻滚动，不可上下涂刷，以免加剧疼痛和脱皮。

（6）如果为一次性纸尿裤过敏所致红臀，应立即停止使用改为棉布类尿布。

四、排便训练

对 1.5 ~ 2 岁婴幼儿，应培养其主动坐便盆的习惯，2 岁以后可让孩子自己坐便盆，逐步养成定时排便的习惯。大部分儿童专家认为，等到孩子具备自我控制能力后（1.5 岁左右）再进行上厕所训练，会取得事半功倍的效果。

1. 准备

①准备孩子喜欢的专用儿童坐便器。

②选择合适的时机，天气比较温暖的时段比较合适。

2. 训练步骤

表 3-10　排便训练

操作步骤	操作方法
适应坐便器	让孩子逐步适应使用坐便器，循序渐进，逐步适应： ①不脱衣服坐； ②穿着尿裤坐； ③脱掉尿裤裸坐

续表

操作步骤	操作方法
试排便	当孩子适应坐在坐便器上后，可让孩子坐在坐便器上试着排便
长辈演示	年长的亲属做榜样，给孩子展示坐马桶排便—擦屁股—提内裤—冲马桶—洗手的过程。多观察年长的亲属排便活动能有效地帮助孩子排便训练
养成习惯	鼓励孩子，无论何时只要想排便都要坐到坐便器上，逐步养成习惯
穿训练裤	①给孩子穿拉拉裤，锻炼自己穿脱并排便； ②穿脱自如后，鼓励孩子保持拉拉裤清洁干爽； ③如果能够保持拉拉裤清洁干爽后，可以给孩子换成内裤
夜间训练	当孩子白天排便训练成功，能保持干爽，逐步引入夜间训练

（a）儿童坐便器

（b）适应便器

（c）养成习惯

图 3-22　排便训练

【注意事项】

（1）排便训练需要长时间训练，家长要有耐心。

（2）如果孩子不愿坐便器，不要强迫，过一两周再试着练习。

（3）排便训练过程中，只要孩子有点滴进步就要鼓励表扬，偶有排泄到裤内，不要生气和训斥孩子，应冷静处理并鼓励孩子下次使用坐便器。

（4）注意每次便后要将便盆清洗干净。便后要给孩子洗手，有意识地养成便后洗手的好习惯。

走进生活

春夏秋冬怎样给宝宝穿衣服

不能包裹太紧，孩子容易出汗，汗液刺激皮肤，汗腺容易堵塞，严重时可发生皮肤感染。太紧了也会引起新生儿髋关节脱位。夏天天气热，孩子穿件薄薄的开衫衣裤或连体衣裤即可，让孩子可以自由活动。春、秋、冬比大人多穿一件就好，不宜穿得过多，从小这样穿着有助于增强宝宝抵抗力。但需注意天气反差，比如下雨天气变凉，就要及时给孩子添加衣物。学走路的时候，不管什么季节，一定要给孩子穿袜子，因为地上有湿气。

第四部分
一起玩

游戏是婴幼儿生活的重要组成部分。与孩子一起玩游戏，科学训练孩子语言、动作，培养良好睡眠习惯，能促进孩子智力发育。

第一讲 语 言

语言是人类特有的高级神经活动。语言的发育与大脑、咽喉部肌肉的正常发育以及听觉的完善有关，要经过发音、理解和表达三个阶段。对婴幼儿的语言训练要尽早进行。

一、语言发音阶段（0~8月）

（一）发音阶段语言特征

正常新生儿从出生已会哭叫，就已具备了发展语言的先决条件。婴儿于1~2月时能发喉音，3~4月能咿呀发音，6~7月能听懂自己的名字，7~8月能发"mama""baba"等语音，但没有实际意义。

（二）发音阶段语言训练方法

1. 与孩子亲切交谈

主动和孩子说话，让孩子模仿发音。例如，"哦！宝宝醒了呀""宝宝真乖""宝宝不哭，我马上就来哟"等。

2. 逗孩子发出笑声

孩子一般在满月后就会笑了，从这个时候开始就要经常逗孩子发笑，尽量使其发出笑声，这是激活孩子语言的前期准备，也是促进发音器官成熟的有效手段。可以挠痒痒、扮鬼脸、吹口哨、摇铃铛、捉迷藏等。

3. 附和孩子发音

孩子 3~4 月时开始咿呀发音，这是孩子以后学会语言表达的前期"语言"，我们要十分重视这种"语言"。当婴儿自发地发出"ma"这个音时，大人就附和着连续发出"ma ma ma ma ma"音，还可以将"ma"音转换为"ba ba ba ba"音对着婴儿说，也可以发各种单音或双音，让孩子模仿。

二、语言理解阶段（9~12 月）

（一）理解阶段语言特征

孩子在发音过程中逐渐理解语言。随着年龄的增长，孩子逐步理解一些简单的日常用品，同时开始模仿环境中的声音，发出富于变化的语音和语调，逐渐地学习到口语的技巧。如 9 个月的孩子能理解几个较复杂的词句，如"再见""把手给我等"；10 个月左右的孩子能有意识地叫"爸爸""妈妈"等。

（二）理解阶段训练方法

1. 用词语或短语交流

用准确、明了的词语或短语与孩子交流，这样有利于孩子理解和模仿语言。比如，"回家""吃饭""这是小狗""爸爸回家了"等。

2. 教简单音节

教孩子发一些简单音节，如 ma-ma, ba-ba, nai-nai, fan-fan 等，一是可以促进发音器官的成熟，二是为模仿大人的语言打下基础。

3. 看图讲故事

选择一些有关人物、动物、玩具的图画书，尽量以一两个简单的词语告诉孩子每页图画中的内容。比如，用手指着图片说"这是汽车""这是恐龙""这是爷爷"等。

4. 身体语言训练

在这个年龄段，多数孩子还不会说话，只能以身体语言表达对大人语言的理解，对此，要多用生活中的情景教孩子学会用动作、表情等身体语言来表达大人说话的意思，比如，"再见""谢谢""不要""要"等。

三、语言表达阶段（1~3岁）

（一）表达阶段语言特征

在理解的基础上，孩子学会语言表达。1岁时能说简单的词语；1.5岁时能用15～20个字，能指认并说出家庭主要成员的称呼。2岁时能指认简单的人和物，能说出自己身体的各部分，如手、脚。2岁后能指认许多物品，将学到的词语组成简单的句子，并逐渐发展出以复杂句型表达的方式，如3~4岁能说短小的歌谣，会唱歌；5~6岁时能讲完整的故事。

（二）表达阶段训练方法

1.1~1.5岁语言训练

（1）持续用词语或短语与孩子交流。此阶段正是孩子从语言模仿向语言表达的转换阶段，需持续使用词语或短语与孩子交流，特别注意要将语言与行为结合起来。例如，"我们坐车车了""爸爸回家啰"等。

（2）说出事物名称。这是孩子说话的基础，说出事物的名称越多越好。例如，"气球""桌子""凳子""房子"等。

（3）学说简单句。例如，"妈妈笑""吃苹果""讲故事"等。

（4）会背简短儿歌或小古诗。教孩子背儿歌或小古诗，是训练口语的有效方法。刚开始大人要一句一句地将整首儿歌或小古诗反复背诵，不要求孩子马上背诵，时间长了，往往是大人背诵前面的内容，孩子附和着说最后一个字或几个字。

（5）"逼"孩子用词语或短句表达自己的需求。要"逼"孩子用词语或短句表达自己的需求，哪怕是一个字也好。例如，孩子想出去玩，拉着你的手指着门，这时，你不能马上回应，而是教孩子说"出去玩"，先"逼"他（她）说一个"玩"也是好的。

2.1.5~2 岁语言训练

（1）教主谓宾句式的句子。例如，"我要吃饭""我要出去玩""我要玩具"等，这种伴随生活情节的语言，要随时随事地教，宝宝容易理解和模仿。

（2）回答疑问句。在生活或游戏中教孩子回答 "某某东西在哪里？"等疑问句。例如，将小皮球放到孩子看得见但拿不到的地方，鼓励孩子去寻找，并教他说出"在这里""不知道""看不见""找不到"等。

（3）学习形容词。利用实物、图片或日常生活经验，经常向孩子说出各种物品的特性，例如，"大苹果""红蝴蝶""熊猫胖""猴子瘦"等。

（4）回答故事中小的问题。每讲完一个故事，都要提出小问题，例如《龟兔赛跑》的故事，可以提出："谁赢了？谁输了？"孩子回答后继续耐心问"兔子为什么会输？""乌龟为什么会赢？"引导孩子回答，以训练孩子听和说的能力。

（5）背诵儿歌或顺口溜。

此时的孩子发音器官尚未发育成熟，往往吐词不清，如将"老师"说成"老西"，这是很正常的，通过教孩子背诵儿歌和顺口溜训练发音，这是一种十分有效的方法。

3.2~3 岁语言训练

（1）语言复述。例如，教孩子复述"今天我们一起去公园玩"，并叫他传话给家庭其他成员。

（2）场景提问。家长带孩子户外活动时，就看见的场景向孩子提问，让孩子回答，这非常有利于孩子语言表达能力的发展。比如，"这是什么颜色的花？"等。

（3）领悟时间概念。让孩子从实际生活经历中领会时间概念。例如，天亮了我们起床的时候叫早上，早餐与午餐之间叫上午，让孩子慢慢领悟时间的概念。

（4）继续背诵儿歌和小古诗。此时应该背诵完整的儿歌和小古诗，与实景联系起来学和背就更好。

（5）学会简单的复合句。在能说简单句的基础上，教孩子说由 2 ~ 3 个简单句组成的复合句。例如"月亮起床了，太阳公公就睡觉了"等，这种句子越多越好。

第二讲　游　戏

爱玩是孩子的天性。游戏不仅是好玩，它也是婴幼儿理解世界、适应环境的重要方式。

一、大动作训练游戏

大动作游戏主要是训练孩子爬行和行走的能力，以扩大其活动范围，让他们的身体可以自由移动，并通过努力去接触感兴趣的实物，这对孩子的感知觉和心理发展起着重要作用。

（一）婴幼儿大动作发展特点

0~1 岁时孩子以移动运动为主，包括躺、爬、站等；1~2 岁时由移动运动向基本运动过渡，包括爬、走、滚、踢、扔、接等；2~3 岁由基本运动向各种动作均衡发展，包括走（向不同方向走、曲线走、侧身走或倒着走）、跑（追逐跑、障碍跑）、跳（原地跳、向前跳）、投掷运动器具、荡秋千、蹬童车等。

（二）婴幼儿大动作训练游戏

婴幼儿在不同的年龄阶段有不同的肢体动作发展要求，应根据年龄特点来选择适宜的游戏进行训练。

0~6 月的婴儿应选择与仰卧、侧卧、俯卧、翻身、蠕动、抱坐、扶坐等动作发展有关的游戏。

7~12 月的婴儿应选择与坐、爬行、扶站、姿势转换、扶走等动作发展有关的游戏。

1~1.5 岁的幼儿应选择与站立、独立走、攀登、掌握平衡等动作发展有关的游戏。

1.5~3 岁的幼儿应选择与稳步行走、跑步、攀登楼梯、跳跃、单脚站立、翻滚、走平衡木、抛物、接物、旋转等动作发展有关的游戏。

二、精细动作训练游戏

精细动作主要训练婴幼儿的手眼协调能力和手的灵活性，为今后使用筷子和书写打下基础，同时还能培养婴幼儿的生活自理能力。

（一）婴幼儿精细动作训练特点

0~6 月婴儿要多做抓、握动作，要训练婴儿经常用手去抓眼前的东西。6~12 月婴儿要训练手部的操作能力，训练拍打、取物、抓握、松开、扔东西和拿着物体进行敲击的能力。1~2 岁幼儿要学会玩比较复杂的玩具，学会拿东西的各种动作。开始把物体当作"工具"来使用，并且在游戏过程中能够初步运用分解能力和发现能力。2~3 岁的幼儿要训练手指协调能力和控制能力，如组合玩具、拼图、玩沙、玩水等丰富幼儿的感知觉体验。

（二）婴幼儿精细动作训练游戏

要根据婴幼儿的年龄特点和性格，选择和设计适合婴幼儿的精细动作训练游戏。

1.3~6月

抓物训练游戏，训练方法有：

（1）拍拉悬物。在婴儿床上伸手可及的地方，悬挂小玩具，让孩子随时可以拍一拍、拉一拉。

（2）放手训练。先让婴儿右手抓一个东西，再让他左手也抓一个东西，这时拿出第三个东西，如果非常喜欢，他会主动放弃一个，伸手抓住新出现的东西。经过反复训练，培养婴儿主动放手意识。

（3）给物训练。拿一些新鲜有趣的玩具，如乒乓球、小绒毛玩具等，先取其中一个放到婴儿手里，玩一会，告诉他"拿"和"给"的动作和意思。

（4）交换取物。把一堆互不相关的东西放在婴儿面前，让他伸手来取，一次拿一个，放下后再换其他东西。

（5）两手互敲。拿一些可以互相敲打的玩具，示意婴儿用两手互相进行敲打。

（6）左右互传。当婴儿抓物动作已经成熟后，就可以训练传递动作，将左手的东西传递给右手或将右手的东西传递给左手。

2.1~3 岁

（1）投掷游戏。活动时间 1 分钟，训练方法有：

①跳起来摸球。将球举到合适的高度，让孩子跳起来摸球。

②投球入篮。准备 2～3 个比较轻的球，让幼儿把球扔进篮子里，最初可近一些，以后逐渐拉长投球距离。

③丢石头。到空旷的地方捡小石头向远处扔，有助于锻炼幼儿的手眼协调能力。

（2）搭积木游戏。活动时间 3 分钟。训练方法有：

①分堆。让孩子把大积木和小积木分别放在不同的地方。

②搭梯。先把一块大积木摆平，再放一块小积木在上边，让孩子体会积木的摆放方法。

③放手。让孩子根据自己的想象去搭建，用两块、三块甚至更多积木进行搭建，然后推到，让孩子在积木倒塌的声音中获得快感。

图 4-3　精细动作训练游戏

🛎 小贴士

婴幼儿睡眠时间及次数

睡眠对孩子的生长发育作用重大，要帮助孩子养成良好的睡眠习惯，严格执行入睡、起床时间。

（一）1~3月婴儿睡眠时间及次数

1~3月的孩子睡眠时间每天约16小时左右。此期孩子除了吃奶、换尿布外，大部分时间都在睡觉。白天一般睡4次，每次1.5～2小时。夜间应睡10～11小时。

（二）4~6月婴儿睡眠时间及次数

4～6月的孩子每天睡眠时间应保持在14小时左右。一般上午睡一次，1～2小时。下午睡一次，2～3小时。由于白天运动量增加，稍感疲劳的孩子夜里会睡得更香。

（三）7~12月婴儿睡眠时间及次数

7~12月的孩子睡眠时间因人而异，一般全天睡眠时间14～15小时左右。上下午各睡一次，每次1～2小时。夜间10小时左右。这个月龄的孩子很少一觉到天明的，一般要醒2～3次解小便。

（四）1～3岁幼儿睡眠时间及次数

每天平均睡12～13小时，夜间能一觉睡到天亮，白天觉醒时间长，有固定的2～3次小睡时间。

走进生活

婴幼儿早期语言训练误区

要想把孩子培养得更聪明、更有智慧，就要重视孩子早期语言训练，但在具体育儿过程中，存在以下误区。

1. 认为孩子太小听不懂

家长是孩子学习语言的第一任老师，对孩子的语言发展有深刻影响。有研究表明，婴儿获得词汇量的多少，很大程度上取决于母亲或抚育者对他说话的数量。

2. 过分满足孩子要求

如果孩子指着水瓶，成人马上明白，这是孩子想喝水了，然后就把水瓶递给他，那么有可能会导致孩子语言发展缓慢。因为他不用说话，成人就能明白他的意图。

3. 用儿语和孩子说话

年轻的父母看到孩子想要说话的急切样子，便教起了诸如"汪汪（狗）""咕咚咕咚（喝水）"之类的话。这种教授方法虽然生动有趣，符合孩子的特点，有助于他形象思维的开发，但是却容易忽略孩子抽象思维的培养与发展。

4. 不说家乡方言

有些老人担心自己的家乡方言会影响孩子以后的语言发展，所以就不和孩子说话。其实，孩子生来就喜欢听各种不同的声音，虽然听不懂，但他会有不同的反应，会很惊讶地看你和你的表情。孩子认真接收家长给他的听觉刺激，有利于听觉注意力的集中。

5. 重复孩子的错误发音

刚学会说话的孩子虽然能用语言表达自己的愿望和要求，但存在发音不准的现象，如把"吃"说成"七"。针对这种情况，家长不要学孩子的发音，而应当用正确的语言来和孩子说话，时间一长，在正确语音的引导下，发音就逐渐正确了。

第五部分
防意外

　　孩子天生好奇心强，喜欢探索，无惧无畏。这也让宝贝们在成长中，难免会出现意外，如走失不见、高处坠落、误吸误饮、烫伤跌伤……

　　每一位家长都盼望着孩子平安、健康地长大。所以，我们要尽量避免意外伤害的发生。

第一讲 防丢失

近年来，婴幼儿丢失事件时有发生。孩子的安全问题牵动着家长的心。要守护好孩子，我们至少要尽力做到以下方面。

一、视线可见

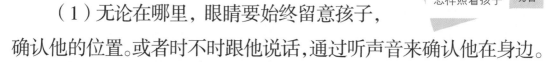

怎样照看孩子 扫码观看

1. 自己照看

（1）无论在哪里，眼睛要始终留意孩子，确认他的位置。或者时不时跟他说话，通过听声音来确认他在身边。

（2）不留孩子独自在家，避免发生意外。

（3）去医院时尽量两个大人同行，方便照看孩子。

图 5-1　孩子在医院

2. 请人照看

请保姆照看小孩，一定要找正规的、信誉度高的家政机构，为孩子选择口碑佳、征信好的保姆，并跟保姆强调，要时刻注意孩子的动向。

图 5-2　保姆

3. 设备监控

家里安装监控，家长就能在手机上看到孩子的动态。

图 5-3　监控

二、防拐意识

1. 家人

告诉孩子要跟家人待在一起，或跟在家长指定的人身边，需要离开时要跟家人打招呼，说明去向。

2. 陌生人

告诉孩子要拒绝陌生人。没有大人允许不能接受陌生人的东西，不让陌生人抱，不跟陌生人走。

三、记忆训练

1. 家长信息

训练孩子记住家长的姓名、电话、工作单位及家庭地址等。

2. 报警求助

训练孩子记住报警电话，在遇到危险时知道打 110。教孩子认识警察等穿制服的工作人员。

图 5-4　报警

四、防丢失用物

1. 婴儿专用背带

使用婴儿专用背带，并尽量选择挂在胸前的款式，配合腰凳使用会更省力。

图 5-5　婴儿专用背带

2. 防走失牵引绳

使用防走失牵引绳，绳子一端锁在孩子手腕上，也可以系在孩子的腰部、背部；另一端锁在家长的手腕上。这样孩子和大人就不容易走散了。

图 5-6　防走失牵引绳

3. 电子设备

使用定位手环、电话手表等用品，外出去儿童乐园、超市、车站等人多的公共场所时，给孩子戴上相应用品。

4. 紧急联系人信息卡

为孩子制作紧急联系人信息卡，卡上标注家长的联系电话或有效地址，给孩子随身携带，也可缝在孩子衣物上。

五、信息安全

1. 微信朋友圈

家长大多喜欢微信晒娃，但最好不定位，注意保护孩子隐私。

2. 其他网络平台

尽量不在微博、抖音、快手等公开的网络空间暴露孩子的个人信息、行动轨迹、成长动态等，谨防这些信息被坏人利用。

陪伴和教育是守护孩子最好的方式。我们要教会孩子识别危险，避开危险或树立基本的自救意识。

亲爱的家长们：孩子不离眼，安全记心间！

第二讲　防坠落

现代生活中，高层建筑拔地而起，成了城市一张张亮丽的名片。这对未经世事的孩子来讲，具有潜在的危险。

意外总让人防不胜防。一旦出事，往往会给家庭造成重创。所以，在孩子可以爬行、站立、行走时，我们就应该拉响安全防护的警报，时刻预防意外的发生。

一、室内陈设

1. 家具放置

床、沙发、桌椅等尽量不靠窗户放。

2. 物品堆放

窗户、阳台周围尽可能不堆放可攀爬的物品，如板凳、椅子、箱子等，以防孩子借力爬出窗外。

危险！

图 5-7　阳台上放凳子

二、防护用品

1. 防护栏

（1）阳台、窗户均安装竖向防护栏。正常成人将身体向外探时，防护栏高度在腰部以上是安全的。护栏孔洞大小以孩子头部无法通过为准。

（2）床周护栏。婴儿床应有安全护栏，预防婴儿坠床。

图5-8　竖向护栏

2. 防护网

阳台、窗户也可安装防护网。但要注意预留逃生通道。

3. 安全锁

窗户安装儿童安全锁，限制开窗宽度在10厘米内。这样既通风，又保护孩子。

三、安全玩耍

1. 不向上抛玩

逗孩子时，不要将他抛向空中，防止意外坠落。

图 5-9　向上抛娃

2. 荡秋千有度

坐秋千玩耍时，别荡太高，以防孩子没抓稳导致摔落。

四、安全教育

千般呵护，不如自护。引导孩子树立安全意识，自我保护，才是长久之策。

1. 教育孩子

（1）不要将头和身体伸出窗户、阳台或栏杆外。

（2）不要倚靠窗户、护栏。

（3）不要在阳台上、窗边、楼顶嬉戏打闹。

2. 教育家人

（1）不要把小孩抱在窗边或阳台上逗弄。

（2）多学习安全知识，学会使用防护设备。

（3）不带孩子去没有安全设施的地方，如尚未完工的工地。

社会环境总在不断变迁，家长只有紧跟时代步伐，更新防护观念，才能给孩子一个更安心的成长空间。

第三讲　防误吸误饮

宝贝初来世界，常常用他们的嘴来感知周围的一切。手上的东西不管能否食用，他们都喜欢放入口中。

有些东西一旦吸入气道，可引起窒息；有些东西饮用以后可引起中毒……

孩子不会分辨危险，这就要求家长把好关口，防患于未然。

一、防误吸

1. 潜在危险品

孩子特别喜欢小东西，透明的或闪亮的、颜色鲜艳的玩物，圆形或类圆形的物品……这些，是我们要留心的可能会吸入气道的异物。

图 5-10　潜在危险品

表 5-1　要预防气道误吸的物品

类　别	举　例
零食	糖果、果冻、爆米花等
坚果	花生、瓜子、开心果等
蔬菜	高纤维的芹菜、菠菜、玉米粒等
骨肉	鱼刺、小骨头、大块瘦肉等
豆类	豌豆、红豆、绿豆、黑豆等
主食	年糕、汤圆、小米粒、面包块等
水果	桂圆、葡萄、樱桃、杨梅等
首饰	戒指、手链、耳钉等

续表

类　别	举　例
日常用品	电池、纽扣、硬币、别针、笔帽、樟脑丸等
游戏用品	气球、弹珠、磁力珠、细小零件等

2. 应急处理

异物一旦误吸会卡喉、堵塞气道，引起窒息，危及生命。

异物卡喉征象：当孩子进食或玩耍时，突然呛咳、不能发声，手抓喉部或表情痛苦，无法咳嗽，脸色、嘴唇发青，呼吸急促甚至无法呼吸。此时应立刻急救！抢救黄金时间大约只有4分钟！

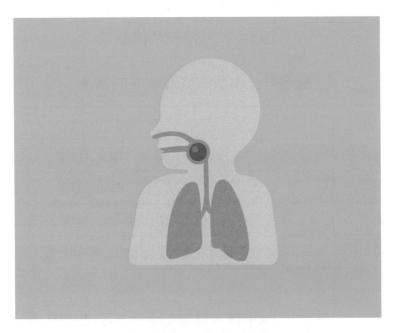

图 5-11　异物卡喉

图 5-12　异物卡喉表现

急救方法如下：

拍背压胸法：适用于 1 岁以下婴儿。

表 5-2　拍背压胸法

操作步骤	操作方法
施救者体位	①施救者取坐位或呈弓步状； ②一手捏住婴儿颧骨两侧，一手托住其后颈部
婴儿体位	①趴在大人前臂上，并倚靠在施救者大腿上； ②面部朝下，头低臀高
拍背	在婴儿两肩胛骨间，掌根冲击，拍背 5 次
压胸	①若异物未排出，将婴儿翻正； ②在胸骨下半段，食指及中指快速向上按压 5 次

重复上述拍背压胸动作，直到异物排出。

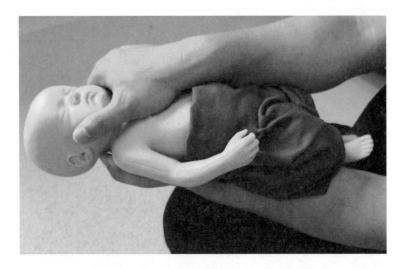

图 5-13　捏颧骨，托后颈

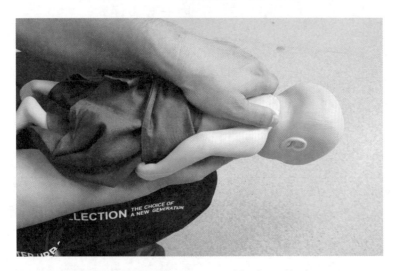

图 5-14　面朝下，趴前臂，倚大腿

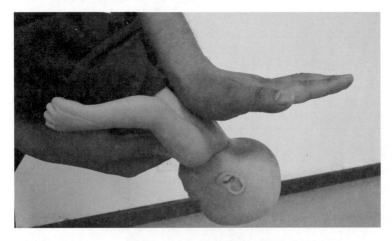

图 5-15　掌根拍背

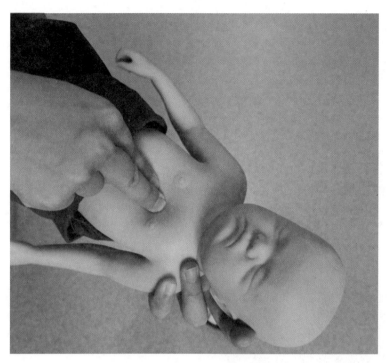

图 5-16 两指压胸

海姆立克
急救法

扫码
观看

海姆立克急救法：适用于 1 岁及以上可站立的孩子。

表 5-3 海姆立克急救法

操作步骤	操作方法
施救者体位	①跪或站在孩子身后； ②前膝或前脚置于孩子双脚之间
孩子体位	①站立位，身体前倾； ②头部略低，嘴张开
定位（剪刀）	肚脐上两横指：一手食指与中指置于肚脐上方
握拳（石头）	一手握拳，拳心抵住腹部
抱拳（布）	用手抱住拳头
冲击	双手快速向内上方冲击

上述冲击动作反复有节奏、有力地进行，直至异物排出。

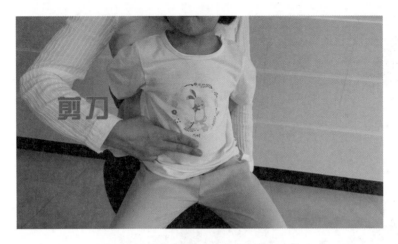

图 5-17　两指定位（剪刀）

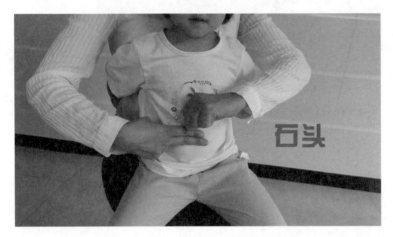

图 5-18　握拳（石头）

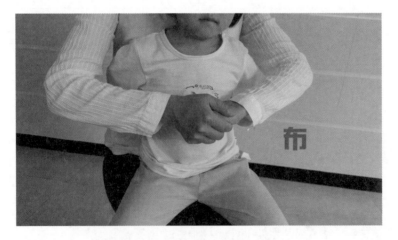

图 5-19　抱拳（布）冲击

【注意事项】

（1）切忌将孩子倒吊从背部拍打。

（2）不要试图用手抠出呛入气道的异物，这有可能将异物推到下方，加重气道堵塞。

（3）以上操作是在孩子有意识的情况下进行。

（4）一定要及时拨打 120 急救，或就近送医！

3. 预防措施

（1）平时尽量让孩子避免吞咽过量或体积过大的食物。

（2）孩子进食时家长应在身旁看护，避免孩子在玩耍或嬉笑打闹时吃东西。

（3）家里的果冻、豆类、糖果、药丸等应存放在安全处。

二、防误饮

1. 潜在危险液

白水、饮料、糖浆、药剂、酒精……小朋友也许并不清楚它们到底是什么，以为都能喝，尤其是带有芳香气味的液态制剂。

有时气味并不让人愉悦，孩子也会用嘴去探索和尝试，特别是夏天，这类液体误饮事故更易发生。

图 5-20 潜在危险液

表 5-4 要预防误饮的物品

类　别	举　例
化妆品	化妆水、香水、卸妆油等
药品	碘伏、75% 酒精、84 消毒液等
清洁用品	洗洁精、漱口水、洁厕剂等
洗涤用品	洗衣液、肥皂液、洗手液等
驱蚊用品	电驱蚊液、便携驱蚊液、花露水等
农药	除草剂、百草枯、敌敌畏等

2. 应急处理

由于大多数家庭成员并非专业医护，不恰当的处理可能会让事态更加严重，给孩子造成进一步伤害，所以一旦发生此类意外，应立即拨打 120 或紧急送医，越快越好！

若发现较早，我们能做到的主要有以下几项。

表 5-5　误饮后的处置

误饮类别	处置方法
强腐蚀性物质	立即喝生蛋清、牛奶、稠米汤或豆浆等
非腐蚀性物质	立即用手指或压舌板刺激咽部，催吐
农药	①将孩子迅速撤离中毒现场； ②脱去接触农药的衣物； ③清水冲洗接触农药的皮肤（五官处冲洗 5 ~ 15 分钟）

【注意事项】

（1）上述所有措施是建立在孩子清醒且可以有效配合的情况下。

（2）将孩子所服用产品的容器或瓶子、实物等交给医护人员，以便快速、合理急救。

3. 预防措施

大人应将家里的药液、化妆用物、清洁用品、洗涤用品、农药等妥善保存。

无合适存放位置，药箱、农药等特殊物品应存放在原装容器中，上锁保存。另外，家长应尽可能避免在小孩面前用药。

平日里，家长可通过讲故事、看动画、认物件、认标志等形式，引导孩子记住相应的危险品，告之不可触碰与食用。

第四讲　防烫伤

皮肤，是人的第一道天然保护屏障。然而孩子的肌肤柔嫩，角质层薄，抵御能力较弱，更容易受到损害。若不慎接触到温度过高的固体、液体、蒸汽等，烫伤就有可能发生。

一、烫伤的表现与处理

日常烫伤该如何处理呢？这就要看烫伤程度了，不能一概而论。

表 5-6　不同程度烫伤的表现与处理

程　度	表　现	处　理
轻度烫伤	①皮肤红肿； ②刺痛感	①脱离热源； ②冷水冲洗 15 ~ 20 分钟
中度烫伤	①皮肤红肿； ②异常疼痛，或是太过严重而感觉不到疼痛； ③水泡，皮肤破裂溃烂； ④伤及真皮，可渗出血及其他液体	①将患处放入盛有冰水的盆中，使用流动自来水冷却 20 ~ 30 分钟； ②及时就医
重度烫伤	①伤及皮下组织，皮肤会变干硬、变白，甚至呈焦黑色； ②感觉不到疼痛	①小心去除衣物，可用剪刀剪开，慢慢取下，不要碰到患处皮肤； ②冷水浸泡或用浸透冷水的毛巾敷盖在患处； ③立即送医急救

总结起来，烫伤处理的一般流程如下：

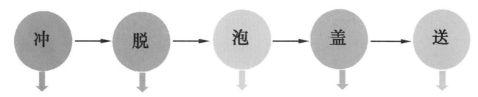

冲洗
15~20分钟

剪开烫伤
部位衣物

浸泡
20~30分钟

覆盖、保护
烫伤处皮肤

送往
医院

【注意事项】

（1）不要挑破伤处的水泡，预防感染。

（2）不要在伤处乱涂东西！禁止在伤口处涂抹食醋、酱油、牙膏等；否则不但无效，反而让伤处模糊不清，对伤口清理和愈合不利，甚至会引发严重的感染。

二、预防措施

有些意外本可避免，孩子也不用带着伤疤过此一生。家长要注重细节，规避意外伤害。

（1）桌布不宜太长，或用固定桌垫代替桌布。

（2）暖壶、茶壶、水杯等物品不要放在桌子边沿。

（3）烧汤、烧开水、煮饭时，不让孩子进厨房。

（4）电饭锅、高压锅、电熨斗等有高温蒸汽的用具，使用时应教育孩子切勿靠近。

（5）烤箱、微波炉等使用完毕应先断电，戴隔热手套取出的物品置于安全处，勿让孩子直接触碰。

（6）吹风机、烘干机、取暖器等不用时拔下插头。

（7）用奶瓶喂养时，先试奶液温度，合适后再喂给婴儿。

（8）沐浴时，先调好水温并试温，再放孩子进去。

◢ 小贴士

意外受伤的处理

意外受伤在孩童时期非常常见，一般没有多大损伤或损伤轻微，如皮肤擦破、小刀划伤或跌倒摔伤……

这些情况下用冷开水或生理盐水将伤口洗净，或用碘伏消毒，用创可贴、胶布包扎即可。

若伤口深、大，出血较多，伤口不整齐，头、面、手部有切割伤或创面小而深时，或有骨折、脱臼、血友病等情况，均应马上将孩子送医院治疗。

走进生活

香蕉惹的祸

2017 年的某一天，一位妈妈带着 3 岁的女儿去图书馆看书。期间带孩子出来，喂了她一根香蕉。后来妈妈突然发现孩子眼睛瞪得很大，直直地看着远处，叫也不应。

过了一会儿，孩子开始呕吐，吐了一点香蕉泥后突然倒地，牙关紧咬，浑身抽搐，不停翻白眼。

妈妈吓坏了，抱着孩子只知道呼喊她的名字，甚至忘记打120。很快，孩子脸色发紫，失去了意识。

妈妈撕心裂肺的呼救声引来众人围观。一名穿紫衣服的女士冲出人群，说自己是儿科医生，让妈妈配合，保持孩子面朝地面、头低臀高。医生使用海姆立克急救法，不断拍背冲击（因为孩子无意识，无法站立，医生选择了拍背冲击），约1分钟后，一段3厘米左右的香蕉从孩子口中排出。

随后孩子慢慢恢复了呼吸，脸色逐渐恢复过来。旁边另一陌生人及时拨打了120，描述了孩子的表现及所在的具体位置。

孩子是幸运的，在黄金时间内得到了有效的急救！

第六部分
去医院

　　发烧、咳嗽、拉肚子、打疫苗……孩子的任何风吹草动都让家长担心不已。有时想在家观察，不想去医院排队打挤，还怕跟其他生病的小孩交叉感染，但又害怕拖久了病情加重。

　　什么情况下居家处理，什么情况下又一定要去医院就诊呢？

第一讲 发 热

发热，即常说的发烧。日常生活中，孩子发热是十分常见的事情。一旦发现孩子额头发烫、脸蛋发红，有些家长便会开始焦虑不安，不知该如何应对。

图 6-1 发热

实际上，发热并不代表一定是生病了。家长对孩子的体温要有正确的认识。

一、辨识婴幼儿体温

正常腋温：婴儿为 36.0 ~ 37.0 ℃，儿童为 35.9 ~ 37.2 ℃。新生儿是比较特殊的婴儿，其正常体表温度为 36.0 ~ 36.5 ℃。

发热腋温：低热为 37.3 ~ 38 ℃，中等度热为 38.1 ~ 39 ℃，高热为 39.1 ~ 41 ℃，超高热为 41 ℃ 以上。

二、测量体温

肛温、口温、腋温、耳温、额温等在不同场合均有使用。

婴幼儿测口温、肛温有一定的危险性，测额温准确度欠佳。目前家庭测温应用最广的为测腋温，有条件的也可选择测耳温。

本节重点讲解腋温和耳温的测量。

（一）测温计的选择

扫码观看

怎样测量体温

1. 水银体温计

医院最常用，准确度高，但易破碎。

2. 电子测温计

测量简单，读数直观，但测量效果不如水银体温计稳定。

3. 红外线体温计

测量便捷，但准确度较差。

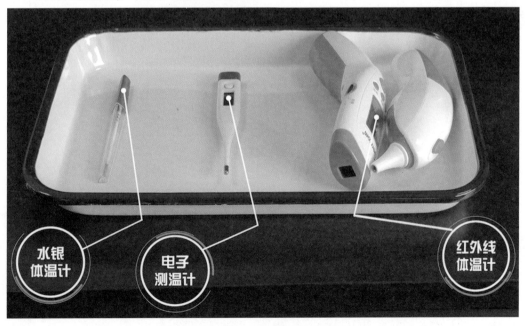

图 6-2　常用测温计

（二）耳温测量

1. 准备

（1）环境准备

酌情打开门窗，室内空气流通。

（2）用物准备

耳温计、耳温套、消毒湿巾。

（3）人员准备

①测量者修剪指甲、摘除首饰、洗手。

②被测量者处于安静状态。

2. 操作步骤

表 6-1　耳温测量

操作步骤	操作方法
消毒	①取出耳温计，用消毒湿巾擦拭； ②等待约 5 分钟，晾干
开机	有耳套型耳温计：套上新耳套，按下启动键； 无耳套型耳温计：直接按下启动键开机
测温	①显示器出现"℃"符号时，可以开始测温； ②轻轻向外牵拉耳郭，拉直耳道； ③耳温计探头塞入外耳道，对准鼓膜； ④按下测量键
读数	①听到"滴"声表示已测完； ②取出耳温计，读取显示器上的体温值
关机	不进行任何操作，耳温计自动关机
存放	①确认已关机； ②用消毒湿巾擦拭耳温计，晾干； ③将耳温计插入机壳内保存

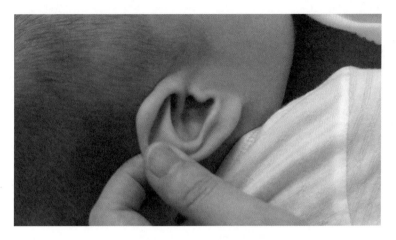

图 6-3　牵拉耳郭

图 6-4　测量耳温

不同型号耳温枪的操作略有不同，建议根据说明书规范使用。耳温测量快速、安全，准确度仅次于水银体温计。

（三）腋温测量（以水银体温计为例）

1. 准备

（1）环境准备

酌情打开门窗，让室内空气流通。

（2）用物准备

水银体温计、消毒湿巾、纱布（或纸巾）、钟表。

（3）人员准备

①测量者修剪指甲、摘除首饰、洗手。

②被测量者处于安静状态。

2. 操作步骤

表 6-2　腋温测量

操作步骤	操作方法
体温计处理	①用消毒湿巾擦拭体温计； ②将水银柱甩至 35 ℃以下； ③体温计放于稳妥处，备用
腋下处理	用纱布擦干被测量者腋下汗液
测温	①将体温计水银端放于被测量者腋下； ②曲臂过胸，手贴对侧肩夹紧； ③测量时间为 10 分钟
读数	取出体温计，根据水银柱位置准确读数
存放	将体温计消毒后放于安全处

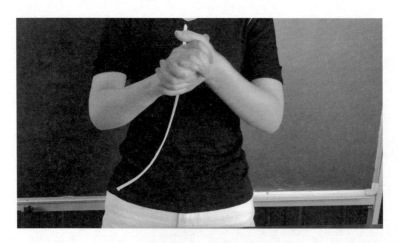

图 6-5　洗手

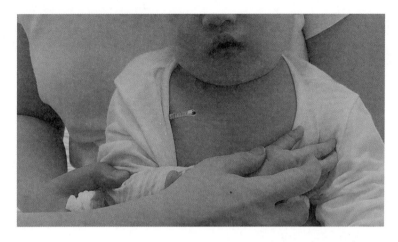

图 6-6　夹紧体温计

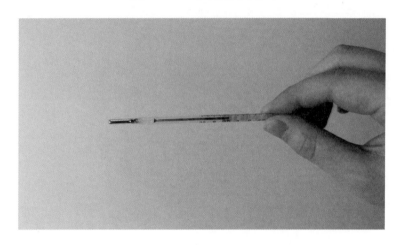

图 6-7　读取体温数值

【注意事项】

（1）测量部位应无疾病，且每次应测量相同位置，如同一只耳朵或同一侧腋下。

（2）10月龄内小婴儿耳道太小且过于弯曲，不宜测量耳温。

（3）测温时若孩子不配合，家长需协助固定其头部或手臂。

（4）体温测量最好在孩子安静状态下进行，剧烈活动和哭闹、喝奶或吃饭后休息30 ~ 60分钟再测量。

（5）3岁以下的孩子，建议使用电子体温计更安全。

三、居家处理

（一）无须特殊处理

1. 生理现象

孩子在哭闹、进食等情况下，体温会升高，但一般不超过38.0 ℃。在活动结束后体温很快恢复正常。这种情况为生理现象，一般不需任何处理。

2. 居家观察

有时孩子低热或中等度发热，但有规律地吃饭、睡觉，精神较好，正常玩耍，没有其他异常，在家里观察体温即可。

（二）降温处理

1. 物理降温

低热一般不推荐积极退热，避免折腾孩子，降低他的舒适度。中高度发热时，可先实施物理降温。

表 6-3　婴幼儿物理降温方法

可行方法	不可行方法
温湿敷	冰袋
多喝水	酒精擦浴
少穿衣服	多穿衣服
解开包被	捂被子
温水洗澡	冷水洗澡

2. 药物降温

若孩子因发热精神不好或体温超过 38.5 ℃，无其他异常表现，为增强孩子舒适感，可使用对乙酰氨基酚、布洛芬等退热药物。根据说明书给药，半小时至 1 小时后复测体温。

四、医院就诊

居家观察期间，家长可能也是心急如焚、焦虑不安，那什么时候必须去医院就诊呢？

出现下述任一情况时，家长应引起重视，带孩子及时去正规的医疗机构诊治，以免延误病情。

（1）发热时无精打采、昏昏欲睡，或食欲差、不爱动；

（2）发热时说冷、打抖；

（3）发热时有咽喉痛、耳朵痛、流鼻涕、咳嗽、咳痰、腹泻、黄疸、皮疹、四肢酸痛、关节痛、抽筋等其他表现，或曾经有热性惊厥病史；

（4）发热时烦躁不安、哭吵不止，或说胡话等；

（5）体温超过 38.5 ℃，家里无法实施物理降温、药物退热；

（6）反复发热，在家退热效果不好；

（7）体质弱，合并有先天性心脏病、癫痫等基础疾病；

（8）一起玩的小朋友有类似发热情况；

（9）孩子有其他令家长担心而无法具体描述的病症情形。

第二讲　咳　嗽

咳嗽是人的一种保护动作，可以阻止异物进入气道，利于清除呼吸道里不好的东西。

但如果咳嗽过于剧烈，会严重影响人的日常生活。孩子频繁咳嗽时，家长也要注意。

一、辨识婴幼儿咳嗽

婴幼儿咳嗽的原因很多，家长可以根据孩子咳嗽的特点来大致判断孩子的情况。

1. 听声音

（1）呛咳，一般声音急促有力，连咳几声到十几声不等，排出异物后停歇。呛咳多在进食、进水、喝奶后立即发生，也可在哭闹、紧张时被自己的口水呛到而咳嗽。

（2）干咳，无痰或有很少一点痰，如感冒。

（3）湿咳，有痰且痰较多，如肺炎。

（4）咳嗽有吼喘声，可见于毛细支气管炎。

（5）咳嗽有声音嘶哑，可能是咳嗽过重、时间较久，也可见于喉炎等疾病。

（6）咳嗽如犬吠，可见于急性感染性喉炎；阵阵咳嗽后有鸡鸣样回声，可见于百日咳。

2. 听时间

注意是偶尔咳还是经常咳；是早上咳、晚上咳还是全天都有表现；是睡前、起床或活动后等哪一段时间明显，或是随时咳，没有明显时间段。留意孩子大概每次咳几声，咳嗽时长。

💡 **友情提示**

（1）新生儿、小婴儿呼吸功能发育不完善，不太会咳嗽、咳痰。

（2）注意观察孩子是否有呼吸声粗细的变化。

（3）注意观察孩子口唇是否有吐泡泡的情况。

（4）听到痰破响声音后观察孩子是否有吞咽动作。

二、居家处理

在家里，我们可以做以下事情来预防或减轻孩子咳嗽：

（1）防寒保暖，预防上呼吸道感染。大人感冒时戴上口罩，并避免与孩子亲密接触。

（2）避免接触过敏原，或进行脱敏治疗。

（3）避免接触烟雾环境、被动吸烟，保持室内空气新鲜。

（4）气道呛入异物应及时排出。

（5）有鼻炎、鼻窦炎的孩子，可进行简易鼻腔灌洗，寒冷天外出可戴口罩。

（6）吃药必看说明书，药物诱发性咳嗽最好的处理方法是停药。

（7）及时接种疫苗，预防呼吸道感染性疾病。

（8）咳嗽期间忌辛辣冰冷饮食，忌炒货坚果类燥热燥肺食物。

（9）偶尔咳嗽，宝贝精神状态好，生活不受影响，可不予以药物处理。

（10）对有痰的孩子可用空心手掌拍其背，从下往上拍，促进排痰。

三、医院就诊

当孩子咳嗽出现以下情况时，一定要及时去医院治疗：

（1）2月以下的婴儿咳嗽。

（2）频繁咳嗽，影响吃饭、睡觉。

（3）咳嗽剧烈甚至呕吐，或咳到腹痛、咳血等。

（4）咳嗽声音低微或咳嗽无力，口唇不停吐泡泡。

（5）咳嗽听到明显痰响，或呼吸时喉咙有"呼噜"声。

（6）咳嗽声音异常，如犬吠声、鸡鸣声、声音嘶哑等。

（7）咳嗽有吼喘、呼吸快、脸色不佳、口唇青紫等其他表现，甚至呼吸困难。

（8）咳嗽有发热、胸痛、皮疹等不适。

（9）自行给孩子使用止咳、化痰、雾化等处理后仍然咳嗽。

（10）反复咳嗽或咳嗽连续超过3~5天及以上。

（11）合并有心脏病、肾病或其他基础疾病。

（12）一起玩的小朋友有类似咳嗽。

（13）孩子有其他令家长担心而无法具体描述的病症情形。

第三讲　腹　泻

腹泻，即拉肚子，是指排便次数明显超过平日习惯的频率或粪质稀薄，水分增加。孩子由于消化系统功能发育未完善，胃肠道抵抗力较弱，容易腹泻。

由于年龄和饮食结构等的差异，每个孩子都有自己的排便习惯。家长们要注意观察孩子的排便特点，如次数、时间，检查尿不湿上或儿童坐便器内大便有无异常，以便及时处理。

一、辨识婴幼儿腹泻

婴幼儿腹泻多见于以下情形：

1. 非感染性腹泻

①消化不良。主要是喂养不当所致，如进食过量，或食物成分不当，不能被孩子充分消化吸收。这些因素会引起胃肠功能紊乱，导致腹泻。

②生理性腹泻。6月内的婴儿，有些外观虚胖，常长湿疹，出生后不久即出现腹泻。除了大便次数增多外，无其他症状，食欲也好，不影响其生长发育。这种情况属于生理性的，无须特殊处理。

③抗生素。有时家长乱给孩子吃抗生素，导致肠道菌群紊乱，也会出现腹泻。

④其他因素。如气候变化、腹部受凉、乳糖不耐受、食物过敏等也可引起孩子腹泻。

2. 感染性腹泻

①轮状病毒感染。最常见，俗称"秋季腹泻"。多发生在 6 ~ 24 月龄的婴幼儿，通过粪—口途径传播，也可通过呼吸道感染致病。

轮状病毒感染所致肠炎，起病急，常常先有发烧、呕吐，再出现腹泻。

腹泻大便次数多，水分多，呈黄色水样或蛋花汤样便，带少量黏液，无腥臭味，多伴有发热和上呼吸道感染症状。

②其他病原感染。如大肠杆菌、痢疾杆菌等细菌感染也可导致腹泻，且表现较严重。孩子可出现发热、烦躁、精神差等症状，腹泻频繁，腥臭明显，有时甚至为黏液脓血便。

有的孩子很快进入脱水状态，有的孩子甚至会惊厥、昏迷。

 友情提示

当宝贝出现口渴、口唇干燥，哭时泪少或无泪，尿量减少或无尿，前囟、眼窝凹陷，皮肤弹性变差，烦躁不安或精神萎靡、意识模糊等情况时，说明他已经有不同程度的脱水了。

二、居家处理

无论是什么原因导致的腹泻，都无须禁食、禁水，反而应及时补充液体、维生素等营养物质，以免影响后期孩子的生长发育。严重呕吐可暂时禁食，但无须禁水。

1.非感染性腹泻

①母乳喂养的孩子，可继续母乳喂养。

②奶粉喂养的孩子，可以换成低乳糖或无乳糖配方的奶粉，俗称"腹泻奶粉"。

③蛋白过敏引起的腹泻，可以使用水解蛋白奶粉，或乳母清淡饮食，避免摄入过量高蛋白食物，调整乳汁质量。

④生理性腹泻无须特殊处理，加辅食后大便可逐渐正常。

⑤每次喂食不宜过饱。不给孩子吃不利于消化的食物，如油炸、辛辣、冰冻类食物。

⑥不要随意给孩子吃抗生素。

⑦注意保暖，避免腹部受凉。

2.感染性腹泻

①观察排便情况，包括腹泻的次数、量、外观、气味。

②观察其他表现，如有无发热、咳嗽、呕吐，有无脱水，精神、食欲如何等。

③补充液体。若孩子发热、呕吐、腹泻频繁，或有脱水迹象时，要注意给孩子进食液体食物，如奶、凉开水、米汤、糖盐水等。

④养成卫生习惯。注意乳制品的保存和奶具、食具、坐便器、玩具等的清洁消毒。教会孩子饭前便后洗手。家长给孩子更换尿布后或处理食物前也要洗手。

⑤选用新鲜食材。不给孩子吃隔夜宿食或变味、变质、可能被污染了的食物，也不要给孩子喝生牛奶。

三、医院就诊

居家观察期间，发现孩子有以下异常，务必及时送医诊治：

①腹泻频繁或时间过长，甚至肛门周围皮肤发红、溃烂。

②有脱水表现或拒绝进食进水。

③持续发热 24 ～ 48 小时。

④持续呕吐 12 ～ 24 小时。

⑤血便、脓血便或便中带血。

⑥腹痛、腹胀。

⑦长皮疹或皮肤、眼睛黄染。

⑧合并有其他疾病，如肺炎、心脏病、肾病等。

⑨孩子有其他令家长担心而无法具体描述的病症情形。

腹泻最让人担心的就是引起脱水、感染扩散，由此引发一系列不良后果。

家长要细心观察孩子的排便特点，记住腹泻开始的时间、每日次数及大便特点。观察孩子有无发热、呕吐、脱水等其他表现，以便儿科医生能较快了解孩子病情，快速、准确诊疗，减轻孩子不适。

第四讲　预防接种

婴幼儿抵抗力较差，预防接种可以使他们获得和维持一定的免疫力，逐渐建立起完善的免疫系统，使孩子远离传染病。

正常情况下，家长应带上孩子的预防接种证，按时间有计划、有序地接种疫苗。

一、计划免疫程序

1. Ⅰ类疫苗

乙肝疫苗、卡介苗、脊髓灰质炎疫苗、百白破疫苗、麻疹疫苗等为Ⅰ类国家免疫规划疫苗，免费接种。

2. Ⅱ类疫苗

水痘疫苗、流感疫苗、肺炎疫苗、狂犬病疫苗等为Ⅱ类疫苗，自愿、自费接种，家长自行决定是否接种。

由于孩子的情况各异，建议家长根据医护人员的建议和安排及时为孩子接种疫苗。本节提供Ⅰ类疫苗接种程序供家长参考。

表 6-4　国家免疫规划疫苗儿童免疫程序

疫苗类别	接种时间	剂次	备　注
乙肝疫苗	0、1、6 月龄	3	出生后 24 小时内接种第 1 剂次，第 1、2 剂次间隔时间不少于 28 天
卡介苗	出生 24 小时内	1	
脊灰疫苗	2、3、4 月龄，4 岁	4	第 1、2 剂次间隔时间不少于 28 天，第 2、3 剂次间隔时间不少于 28 天

续表

疫苗类别	接种时间	剂次	备　注
百白破疫苗	3、4、5 月龄，18~24 月龄	4	第 1、2 剂次间隔时间不少于 28 天，第 2、3 剂次间隔时间不少于 28 天
白破疫苗	6 岁	1	
含麻疹成分疫苗	8 月龄、18~24 月龄	2	此疫苗包含麻风疫苗、麻腮风疫苗、麻腮疫苗、麻疹疫苗
乙脑减毒活疫苗	8 月龄，2 岁	2	
A 群流脑疫苗	6~18 月龄	2	第 1、2 剂次间隔时间为 3 个月
A+C 流脑疫苗	3 岁、6 岁	2	2 剂次间隔时间不少于 3 年，第 1 剂次与 A 群流脑疫苗第 2 剂次间隔时间不少于 12 月
甲肝减毒活疫苗	18 月龄	1	

二、预防接种禁忌

当孩子有以下情况时，应暂时不进行预防接种。

1. 患有疾病

①患有皮炎、牛皮癣、化脓性皮肤病、严重湿疹。

②发热、上呼吸道感染、腹泻。

③有活动性结核病，严重心、肝、肾疾病。

④有癫痫、脑炎后遗症等神经系统异常。

⑤有免疫缺陷。

⑥严重营养不良、严重佝偻病。

2. 使用特殊治疗

①使用免疫球蛋白治疗后 1 个月内。

②接受免疫抑制治疗或需要放疗。

3. 过敏

对已知疫苗任一成分过敏者禁止接种。如鸡蛋过敏者不得接种麻疹类疫苗，牛奶过敏者不得接种脊髓灰质炎疫苗。

4. 接触传染源

近期与某种传染病患者有过密切接触，正处于该种传染病的潜伏期内，暂不接种疫苗。

友情提示

（1）不要在空腹、饥饿时接种疫苗。

（2）预防接种必须在孩子身体好的时候进行，或待孩子病愈后，根据接种机构人员建议的时间进行补种。

（3）接种完成后在现场观察 15~30 分钟，无异常方可离开。

三、医院就诊

由于个体差异，部分孩子接种完疫苗后可能出现一些反应。

1.局部反应

接种部位红肿和疼痛，或有小硬结，一般在接种后数小时至 48 小时内出现，持续 2～3 天可自行消失。

若接种部位红肿厉害，硬结过大，或发生化脓、破溃等，要及时去医院处理。

2.全身反应

（1）发热，最常见。一般发热在 38.5 ℃以下，持续 1~2 天，属正常反应，多喂水、多休息即可。但若高热不退或伴有呕吐、腹泻等时，要及时去医院诊治。

（2）其他应尽快处理或及时送医的情况：

①晕针。

②过敏性休克（最严重不良反应），表现为接种后很短时间内孩子面色发白、四肢发凉、出冷汗、呼吸困难甚至神志不清、抽搐等。

③皮疹，如荨麻疹。

（3）局部感染、无菌性脓肿。

每次接种完疫苗，家长都要细心观察孩子的反应，发现异常应及时处理或去医院诊治。不要掉以轻心，以免造成不良后果。

走进生活

婴幼儿发热常见认识误区

1. 捂被发汗

很多家长觉得孩子发热，捂一捂，出出汗就好了，这些想法是错误的。

孩子汗腺发育不全，主要靠体表散热。如在发热时给孩子捂得太严实，不但不能降温，反而会造成体温急剧上升。

2. 盲目输液

有的家长对孩子发热十分恐慌，恨不得立即就好，于是要求输液。越来越多的研究发现，输液中的不溶性微粒会残留在人体内，对人体有潜在的不良影响。

能吃药就不打针，能打针或灌肠就不输液。这也是现在医院的治疗原则。

3. 多药退烧

有些性急的父母，给孩子使用退烧药物后，过了半小时若没退烧，又加其他退烧药。这种情况可使药效重叠，肝肾毒性增加，不利于孩子身体恢复。

退热需要一个过程，千万不要急着降温而给孩子频繁吃药。

第七部分
家和睦

有了家庭的和睦，才有家的温暖。幸福的家庭气氛和谐，成员之间平等相处、互相尊重。

第一讲　家庭成员角色定位

随着孩子的出生，家庭成员角色发生了改变，照料好孩子，营造良好的家庭氛围，避免角色定位不清，需要家庭成员的共同努力。

一、妈妈的角色定位

（一）妈妈的角色认知

孩子出生后的第一个月对妈妈来说很煎熬，因为身体正从怀孕和分娩状态中逐步恢复。由于体内激素的变化，情绪不稳定，会出现无缘无故情绪低落或者流泪。每天夜里，每隔 2 ~ 3 小时给婴儿喂奶或换尿布，也会感觉筋疲力尽。这些会使妈妈感觉"发疯""窘迫"，甚至觉得自己是"坏妈妈"，出现所谓的"产后抑郁"。

（二）应对方法

1. 提前做好准备

疼痛的身体，不稳定的情绪，照顾新生宝宝以及其他孩子，这些都是妈妈要面对的问题。妈妈应提前做好身心准备，集中精力恢复健康，享受新生命带来的快乐。

2. 尽量控制情绪

妈妈要提醒自己，情绪不稳定是怀孕和分娩的常见现象，尽量避免抑郁心情控制你的生活，甚至毁掉孩子出生带给你的快乐。在最初的几周，尽量避免一个人待着。在孩子睡觉的时候，尽量打个盹，避免过度疲劳。如果在几周后这种情绪仍然存在，并且越来越严重，就需要向医生咨询或就医。

3. 适当接待亲朋好友

与亲朋好友一起庆祝孩子的出生，让亲朋好友帮你做做家务、带带孩子，可以缓解抑郁情绪。但过多的拜访会让新手妈妈劳累，甚至带来传染病，因此建议控制拜访数量，告知拜访者提前约，避免感冒、咳嗽或有传染病的人接触孩子。抱孩子之前要洗手，如果孩子看起来心神不定，不能让除家庭成员外的人抱或接近他。

二、父亲的角色定位

（一）父亲的角色认知

孩子的出生，对于父亲来说，既是挑战，也是机遇。下班后要照料孩子、妻子，承担繁重的家务活，夜间给孩子喂奶，不时给孩子换尿布，抱着哭个不停地孩子走来走去，很快就让你筋疲力尽。聪明的父亲会充分利用照顾妻儿的时机，进一步巩固其和妻子、孩子的关系。

（二）应对方法

1. 与妻子并肩作战

一个人照顾孩子时，让另一个人休息或做做运动、小睡一会儿，尽管夫妻两人单独相处的时间变少，但是关系反而变得更加密切、和谐。夫妻之间出现冲突和误解，这些都是暂时的，也是正常的。很快生活会步入正轨，家庭社交活动也会恢复。此外，当孩子睡觉或由他人照顾时，应尽可能花一些时间来享受"二人世界"。

2. 让孩子兴奋起来

通常父亲的作用在于激发孩子的兴趣，让孩子兴奋起来。而母亲则侧重于轻柔的活动，如轻轻摇动孩子、给孩子唱歌、安静地与孩子游戏，这两者同等重要，并且是很好的互补，这也是需要夫妻二人共同照顾孩子的原因。

三、爷爷奶奶（或外公外婆）的角色定位

（一）爷爷奶奶（或外公外婆）的角色认知

爷爷奶奶（或外公外婆）应尽可能在孩子的生命中扮演一个活跃的角色。你们的心中充满对孩子的爱，随着与孩子相处时间不断增加，你们与孩子之间会建立起持久的亲情，同时也会为孩子提供无价的疼爱和指导。

（二）应对方法

1. 加强联系

如果你们与儿女生活在同一城市，根据儿女的时间安排，定期去他们家中，不要不请自来，当然也要知道适时离开。也可以邀请儿女到家中做客。如果住家离儿女家远，无法经常与

孩子见面，可以让儿女定期发送孩子的照片、视频，也可以把照片、视频发送给儿女，让他们与孩子分享。孩子再大一点，可以通过视频和孩子互动。

2. 尊重儿女的观点和做法

不要一味地给儿女批评和忠告；相反，要尽可能地支持他们，并且尊重他们的观点和做法，对他们有足够的耐心。在养育孩子方面，他们可能与你有不同的方法，一定要记住，他们现在已经是父母。如果他们询问你的意见和建议，一定要给他们一些有用的帮助，可以分享你的观点和做法，但不要强求他们与你意见一致。

3. 提供必要的帮助

询问儿女，你该怎样帮助他们。你要记住，现在离你养育孩子的那个年代已经很远了，尽管许多东西是一样的，但是还有许多已经发生了变化。可以做一些基本的看护，如换尿布、喂奶、洗澡等，但不要接管全部工作。此外，还可以花一个晚上或一段时间照顾孩子，让儿女休息一下。

4. 组织家庭小活动

随着孩子长大，可以给他讲讲爸爸妈妈小时候的故事，讲家庭历史，教给他家庭价值观，这是非常重要的事情。保存与孩子的照片和视频，日后与孩子分享。节假日尽量与孩子在一起，尽可能参加孩子的生日聚会等。

第二讲　宝贝教育干预

孩子是世界的新客，从呱呱坠地的那一刻起，他们就不断地接受着外界环境中各种因素的刺激，不断地在成人的照料与教育之下生长发育，逐渐长大成人。俗语说，"三岁看大，七岁看老"，今天孩子的教育好不好，对于他们将来能否成为社会有用的人才关系极大。

一、育儿原则

家长是孩子出生后的第一任老师，一切好的或不好的教育均出自家长的活动，所以如何修养好自身是家庭教育成功之本。

1. 做好榜样

家长和孩子自幼相处，接触时间最长，也最亲密，所以他们最先成为孩子模仿和学习的榜样。年龄越小，越容易受到家长的影响。

2. 恪守一致

教育的合力对孩子具有加倍的效应，教育各方面不统一，则会抵消教育的作用。因此，家长对孩子的要求和态度要一致。

3. 提示在先

在教育孩子的活动中，为防止可能出现的不良现象，家长可以采取提示在先的方法。例如，孩子喜欢看电视，在看之前家长要和孩子沟通：昨天你看到哪儿了？我们今天也只看一集好吗？

4. 尊重孩子

一方面在家庭中不能把孩子捧为第一位，也不能让孩子感觉自己是第一的，这种优越感不利于孩子正常发展；另一方面应尊重孩子，慢慢帮助孩子体验独立，学会独立。

5. 善用鼓励

对孩子的行为和表现结果做出肯定、赞赏和鼓励，都将增加孩子的勇气和信心，带来积极情绪。

二、教育干预

婴幼儿时期是人生发展的关键期，抓紧早期教育，可以提高孩子未来的学习效率。由于传统的影响，很多人认为一岁以内的婴儿，两三岁的娃娃，年龄小，不懂事，只要照料他们吃饱、穿暖、睡好、身体长好就行。正确的婴幼儿早期教育要求家长重视孩子的动作、语言、智力、情感等方面的发展。

1. 培养良好卫生习惯

讲卫生的好习惯一旦养成，会使孩子在保持健康、生活自律等方面终身受益。生活中大部分疾病都与个人卫生习惯密切相关。因此，家长要培养孩子良好的卫生习惯，如训练孩子饭前便后洗手、提醒上厕所、不要用手揉眼睛、勤洗澡等。

2. 学会刷牙

2岁以后，待20颗乳牙长出后就要学习刷牙。刷牙不仅可以清除食物残渣，防止龋齿，还能按摩牙龈。孩子3岁左右就要养成早晚刷牙、饭后漱口的习惯。

3. 学会自己穿脱衣服

2岁后，幼儿的自我意识开始觉醒，会向大人要求自己穿脱衣服，家长要鼓励并耐心地协助他们。

4. 培养孩子社会交往能力

婴幼儿和小伙伴之间的交往，对婴幼儿社会行为的发展起着积极作用。可以教孩子照镜子认识自我，随时随地教孩子认识周围的东西，玩捉迷藏，带孩子走出家门，多和同龄人在一起，多和别人打交道，让孩子在一次次的交往中得到锻炼。

5. 培养良好的情绪行为

孩子情绪自控能力不强，情绪波动大，不仅影响周围的人，还会影响孩子以后的人生发展。因此，要从小培养孩子良好的情绪行为，如经常亲吻、拥抱孩子，让孩子时刻感受你的爱；鼓励孩子表达积极的情绪，对人微笑、表达友好等；如果孩子消极的情绪引发了有害或无礼的行为，就要及时帮助他们控制好情绪。

走进生活

案例：俊俊两岁半了，早教活动都是奶奶陪着参加，这次也不例外。走进活动室，面对新奇的玩具，其他孩子都兴奋地玩了起来。俊俊也想玩，但他却紧紧地依偎在奶奶怀里，不愿主动去玩。于是，老师热情地招呼俊俊和小朋友一起玩，几经犹豫，俊俊终于坐到了桌子边。可是，刚玩了一会儿，俊俊就大声哭了起来，原来他想要的红色球被其他小朋友拿走了，俊俊想拿回来，可小朋友坚决不给。老师走到俊俊身边，用手指着篮子提醒俊俊："篮子里还有好多红色的球呀。"俊俊听后破涕为笑。见此情景，奶奶感慨地说："老师呀，你教教我吧，这孩子脾气大，我年纪大了，弄不动了。"

分析：人到老年格外疼爱孩子，容易陷入无原则的迁就和溺爱中。同时，面对第三代，老人心理上会有一些顾忌，怕出差错儿女责怪。于是老人们事事依着孩子，处处围着孩子，孩子有了错误也不及时纠正。时间长了，孩子会以为自己是家庭的"主宰"——人人都得听自己的，稍不如意就大哭大闹。老人们怕哭坏孩子，于是百般哄劝。孩子发现通过撒泼、发脾气等任性行为可以达到目的，于是一有机会就发脾气要挟家长，以满足自己的非分要求。此外，过分保护将扼制孩子的独立能力和自信心的发展。

建议：呼唤父母责任回归，建立新型祖辈教育。父母是孩子的第一任老师，祖辈教育只能是亲子教育的补充而不是替代。新型的祖辈教育需要父母和祖辈的相互配合，各自定好位。年轻的父母不管多么忙，都要抽点时间和孩子在一起，不要因工作忙碌、回家太累就忽略做父母的责任，要见缝插针地与孩子培养感情、对他们进行教育。在教育孩子的问题上，年轻的父母和长辈一定要达成共识，孩子的哪些要求可以满足，哪些绝对不能妥协，需要有原则。只有父辈和祖辈在教育孩子的态度上达成了共识，相互吸取经验，正确处理好父辈与祖辈的分工与合作，才能使孩子在两代人的共同呵护下健康成长。